金子美明的
法式甜品宝典

LES CRÉATIONS DE LA PÂTISSERIE PARIS S'ÉVEILLE

（日）金子美明◇著　　唐晓艳◇译

煤炭工业出版社
·北　京·

Il est cinq heures·

Paris S'éveille·

金子美明

1964 年出生于日本千叶县。1980 年进入 Lenôtre（现已停业）工作，后转职于 Patisserie Pont Des Arts。之后对设计行业心怀向往，在松永真设计事务所从事了 7 年平面设计工作。1994 年重新投身甜点界。之后在 Restaurant Pachon 任职，并于 1998 年担任 Pachon 旗下餐厅 Le Petit Bedon（现已停业）的甜点主厨。1999 年远赴法国，先后在 Sucré Cacao、Ladurée、Le Daniele、Arnaud Larher、Alain Ducasse Hotel Plaza Athénée、Patrick Roger 工作，积累经验。2003 年回国，就任 Paris S'eveille 的甜点主厨。2013 年在法国凡尔赛开了自己的烘焙店 Au Chant du Coq。

2003年初夏，在东京的自由之丘诞生了一家叫"Paris S'éveille（パリセヴェイユ）"的甜品店。我赋予店名"梦醒巴黎"之意，开这家店不只是为了提供各种高品质、绚丽夺目的甜品，我还希望这家店能静静伫立街角，彻底融入大家高品质的生活中。就此开始了我们Paris S'éveille团队的奋斗征程。

历经十三载，重新审视我的甜品制作后才惊觉；如今建起的甜品大厦，根基却如此不稳。当时大半甜品还处在想象的世界中，尚未变为现实，以致于一直陷入如何将想象的世界变为现实，使其具体化的苦恼中。从这一层面上看，相比哲学，糕点师的世界更接近科学。而我只是把科学当作我甜品制作的一种工具，这么说并不是轻视科学。无论是长时间习得的技艺、身心疲惫后回家翻阅到的技巧或科学，还是学生时代擅长的数学、最爱的化学，如果我想象的世界观中没有梦想和惊奇，这些知识都不会发挥作用。

那么，我的想象始于何时呢？应该始于小时候的学习桌右侧第三个抽屉。小时候我最喜欢超市的甜品柜台，用攒下的零花钱瞒着父母（其实他们都知道）偷偷将买回来的盒装点心和袋装点心放在那个抽屉里，我会默默欣赏自己铸就的"甜品世界"。有时会把它们都摊在桌面上，有时也会更换新品种。我喜欢无比珍惜地一点点品尝这些私藏的甜点。新款点心、包装盒漂亮的点心、流行卡通形象的点心、薯片、车站售货亭买的糖块、价格昂贵鲜少购买的百货商店里的外国甜点……在看完一本叫《用甜点建造的家》的绘本后，这些都帮我构建了一个想象的世界。这种小时候构建的想象力和世界观、青年期让我深受感动的事物都远远超过成年后种种经历带给我的感动，这些于我个人而言都是无比珍贵的财富。总有一天，自己专有的抽屉将会开启。但是，如果感动和想象都不复存在，即使打开抽屉，也将空空如也。

后来想象的世界变成了现实。在一家巴黎名店的东京分店，我迈出了作为糕点师的第一步。对于稚嫩的我来说，让想象的世界变为现实的漫漫征程开始了。头脑里那个想象的世界绝不比别人差，但是当时的我却不能将其变为现实。为了早日将其变为现实，我开始日复一日地苦练技术，牢记原料的特性，运用科学、数学，甚至历史和地理。这些能帮我将自己的想象变为现实，我一点点理解如何让想象的世界变成人们喜爱的味道。

十三年前开设的"Paris S'éveille（パリセヴェイユ）"是将我积累的想象世界变为现实的一个场所。勤勤恳恳的员工们帮我将脑中未成形的甜点变成一款成形甜点。有时候集思广益为了达成100分，在大家的共同努力下却达到了120分，取得了超乎寻常的成果。丰富的想象力加上精湛的技艺和科学的理解，才能成就意想不到的成果。

本书将为大家详细介绍我十三年间的作品，这些作品都是我从不断积累且时常变化的想象抽屉中将想象变成现实的作品。大家可以先欣赏图片感受氛围，再通过阅读文字展开现象，仔细品味每一款甜品的滋味。像我小时候从各种事物中汲取灵感那样，如果这本书能为各位读者将想象变为现实提供些许灵感的话，我将倍感荣幸。

金子美明

目录

SOMMAIRE

小蛋糕和小甜点

Les petits gâteaux et les entremets

1

与雷诺特的邂逅

La rencontre avec Lenôtre

2

憧憬巴黎

Paris m'inspire

摆盘甜点

Les desserts à l'assiette

7

餐厅的喜悦

Le plaisir sucré au restaurant

基础准备工作

Les préparations de base

采访·文字：濑户理惠子

摄影：合田昌弘

宝丽莱摄影：金子美明

美术设计：成泽　豪（NAKAYOSI工作室）

设计：成泽宏美（NAKAYOSI工作室）

法语校对：高崎顺子

编辑：锅仓由记子

术语解释

appareil 液状面糊。

blanchir 发白。鸡蛋加入砂糖后搅拌至发白的状态。

brix糖度 用brix糖度仪（阿贝折光仪）测量糖度。代表在20℃时，每100g水溶液中溶解的蔗糖克数。

cadre 四边形的框，没有底的模具。

caramel à sec 制作焦糖时，不加水完成焦糖化。

caramèliser 焦糖化。

cercle 没有底的圆形模具。

chinois 圆锥形的过滤器。

compote 糖浆水果。用糖浆煮的水果。

confit 用砂糖或糖浆浸渍。浸渍物。

confiture 果酱。

copeau 巧克力屑。削下来的巧克力。

cornet 圆锥形。将纸卷成圆锥形做成裱花袋。

coulis 蔬菜和水果磨成的泥。

couverture 可可含量高的糕点用巧克力。

crème anglaise 英式奶油。用蛋黄、牛奶、砂糖制作而成的香草味奶油。

crème au beurre 黄油奶油。

crème d'amande 杏仁奶油。

crème patissière 卡仕达奶油酱。

crème 奶油。

croquant 脆的，嚼起来发出响声的。

croustillant 松脆的。

crumble 奶酥。用低筋面粉、砂糖、黄油搅拌而成的颗粒状食材。

dètrempe 酥皮，加入黄油的面团。

dorure 涂抹在面坯上的蛋液。

eau-de-vie 用水果或谷物制作而成的蒸馏酒。

émulsion 乳化后的液体。

feuillantine 捣碎后的法式薄饼。

feuilletage 折叠后的派坯。

flocage 巧克力喷砂。通过喷洒呈现出天鹅绒般质感的巧克力液。

fonçage 在模具底部和内侧铺上面坯。

framboise 木莓、覆盆子。

fruits rouges 红果类。

ganache 甘纳许。用巧克力、鲜奶油、牛奶混合而成。

garniture 馅料。

gateau 点心，蛋糕。

gelèe 果冻。

glaçage 淋面。

glace royale 蛋白霜。用糖粉、蛋白等制作而成的黏度较高的糖衣。

glace 冰淇淋。

griotte 黑樱桃。

griottine 酒渍黑樱桃。用樱桃酒浸渍的黑樱桃。

groseille 醋栗。

infuser 萃取风味。

julienne 切成细丝。

macaronnage 压拌混合面糊。制作马卡龙时压碎气泡，搅拌粉类与蛋白霜的过程。

macérer 放在液体中浸泡。浸渍。

meringue italienne 意式蛋白霜。

nappage neutre 镜面果胶。

nappage 镜面。用于蛋糕最后的装饰。

noisette 榛子。

onctueux 滑腻的，稠腻的。

pastillage 装饰用的翻糖。

pate à bombe 在蛋黄内加入糖浆后打发。

pate à glacer 涂层用巧克力。

pistolet 喷砂器。

plaquettes 小薄片。

poudre de flan 布丁粉。

praliné 包裹在坚果外面的糖衣。

qunelle 纺锤形（两头尖的圆柱形）。

rosace 玫瑰。用星型裱花嘴挤出的形状。

sifon 往液体内注入气体，制作苏打水或发泡水的料理工具。

suer 炒出原料中的水分。

tablage 大理石台冷却法。主要用于巧克力调温。

trimoline 转化糖。

vergeoise 赤砂糖。

verrine 玻璃杯甜点。

制作前的注意事项

●本书的配方以 Paris S'éveille 实际制作单位为基准。本书中调整后的配方都以数字的形式详细标注了用量。可根据个人需要一次多做一些保存食用，也可以少量制作，并不需要严格按照配方中的数量制作。

●如果没有特别标注，鸡蛋需提前放置于室温下。1 个鸡蛋重约 55g（蛋黄约 20g、蛋白约 35g）。

●如果没有特别标注，黄油选用无盐黄油。

●粉类（包括杏仁粉、可可粉、糖粉）使用前需过筛。

●如果没有特别标注，干粉一律使用高筋面粉。

●吉利丁片需在冰水中浸泡 20 分钟后再水洗，用手挤干水分，再用厨房用纸吸干水汽后使用。【融化的吉利丁片】

●点心用巧克力、可可块、涂层用巧克力需加热至泥状后再使用。块状需切碎后使用。

●如果没有特别标注，果泥均使用冷冻品。使用前需提前放在冷藏室内解冻。

●涂抹在面坯上的蛋液是用打蛋器将 20g 蛋黄搅打均匀后，再加入 10g 鲜奶油混合而成的。

●搅拌机上装上打蛋头（如需使用搅拌棒或和面钩，会特别说明）。

●使用搅拌机或食物搅拌机搅拌的过程中，如果需要用硅胶铲或刮刀清理粘在搅拌盆内侧和配件上的面糊或奶油，请先暂停机器，再清理。

●本书介绍的烤箱温度和烤制时间均为参考值，需根据实际烤箱型号和烤箱特点适当调整。

●烤制时，为了均匀上色，可以中途前后调换烤盘方向再继续烤。

●室温一般指 25℃左右。

* 本书中使用的原材料为 Paris S'éveille 常用品种，您也可根据个人喜好自行选购。

●吉利丁片使用的是 Eward–Gelatine 生产的金装吉利丁片。

●香草荚使用的是产自塔希提岛的优质品种。

●布丁粉使用的是 ARTISAL 公司的产品。

* 制作前，请先阅读 P248 的"基础准备工作"。

烤盘赞助：ZUKO、UTUWA

Les petits gâteaux et les entremets

小蛋糕和小甜点

1

与雷诺特的邂逅

La rencontre avec Lenôtre

小学高年级时父亲带我去位于梅田站附近的旭屋书店，这次经历是我迈进甜品世界的入口。旭屋书店陈列着很多料理、甜点相关的专业书籍，这些书籍呈现出一个与学校生活、自己的日常生活完全不一样的世界，像绘本一样深深让我着迷。虽说书中出现的那些甜点我并没有品尝过，而且我当时尚不能完全读懂这些书，但是这是我学校的朋友们绝对不知道的一个全新世界。初涉这个世界，如同发现秘密般让我兴奋不已。其中最让我痴迷的一本书是让静雄先生主编的《欧洲甜点》（镰仓书房），这本书像一本精美的写真集，带我领略到了与当时甜品店完全不一样的甜点世界。其中如黑加仑果子露的原色一样对比强烈的色彩如今仍深深印在我的脑海里。

中学毕业后，我怀揣着成为一名糕点师的梦想来到了东京。我去了很多家甜品店，意外遇到了Lenôtre（雷诺特）。店名是法文，我并不认识，但是店内展示柜内摆放的甜品绝对都是主厨贾斯通·雷诺特的作品，直觉告诉我：这里一定会有好事发生！我总觉得这些甜品在哪里见过，再次翻阅山本益博先生的《巴黎甜品店》（文化出版局）时发现这本书里介绍过雷诺特。虽然是雷诺特在日本开的一家分店，但是能在书上刊载过的甜品店内工作让我倍受鼓舞，也特别开心自己能找到这里。

终于如愿以偿到雷诺特上班了，当时我只有16岁，每天忙完配送工作后就可以进厨房学习了。从甜点到副食都是我未曾见过、吃过的，当时感觉自己就像间谍潜入金山银山一样，各种新鲜事物让我目不暇接。打开放在冷藏室的锅盖看到汤内漂浮着猪头，让我目瞪口呆；初次品尝陶罐兔肉冻，那独特的气味和味道让我终身难忘。当时我并不觉得多么好吃，只是单纯地接受"哦，这就是法国菜的味道"。第一次吃奶油蛋白甜饼时，单从外表无法想象它的味道，吃一口才发现它既不松软也不湿润，而是口感酥脆，且甜到头晕，着实震惊。萨瓦林蛋糕的辛辣刺激的酒味、奶油冰淇淋的甜味、煮至浓稠的果酱的味道，都给我很大的冲击力。每天都无限感慨："原来这就是法式甜点的味道呀"。如今想来，我和松软细腻的奶油蛋糕确实无缘，舌头和身体记住的都是充满生机的法式甜点的味道，而且这些味道深深吸引着我。蜜饯、杏仁糖等配料都是自家亲手制作的，能够深入接触这些美味的本质，真是太幸运了。对我来说，一切都新鲜有趣，我都想一一尝试，就这样我忘我地在这里学习了三年。这里奠定了我制作甜点的基础，是我人生一段重要的经历。

现在我与雷诺特的各位同事依旧保持着密切联系，彼此间相互支持。当时的我们就像狼一样协力工作，如今是亲密无间的挚友。贾斯通·雷诺特是一名伟大的糕点师，从他身上我不仅学习到了甜点技术，还学习到了一种不断追求精益求精的工匠精神。一生中能遇到这样一位不忘初心的匠人，对我来说真是无比荣幸。我们这群人聚到一起就会回忆往昔，虽然每次我们都大笑着说："那话都说了多少回了呀！"可仍旧乐此不疲地继续聊着。有时候嘴上说着"时间不早了，散了吧"，可是仍不知不觉畅谈到天亮……想必这份感情会一直延续下去。

右上：糕点师和面包师的守护圣人
右下：晚秋的香榭丽舍大街
左上：绿意成荫的圣马丁运河
左下：古色古香的面包店正门

*B*agatelle
巴加特莱

雷诺特有几款传奇甜点经常被前同事们提及，比如"卡西诺"、"帕拉第"、"修库塞"、"现代"，以及这款"巴加特莱"……这些都是我们在雷诺特学会的，可以说款款都深得法式甜点的精髓。有时候直接做原版的，有时在原版基础上再做创新，但是并不经常出现在展示柜内。这款甜点以位于巴黎布洛涅森林内的巴加特莱公园命名，热那亚海绵蛋糕内夹着奶油霜和草莓。表面覆盖着绿色的杏仁膏代表公园的绿色。油脂含量高的甜奶油与草莓清爽的酸味相融合，加入味道浓郁的樱桃酒进一步突出杏仁膏的美味。贾斯通·雷诺特先生来日本时我特意向他请教过，热那亚海绵蛋糕一定要刷满糖浆。我把热那亚海绵蛋糕和奶油均改良成开心果风味的，奶油慕斯以奶油霜为基底，口感更加柔和。杏仁膏印上华丽的图案，营造出王室高级甜点的感觉。

从上至下
· 杏仁膏
· 樱桃酒糖浆
· 开心果热那亚海绵蛋糕
· 开心果奶油慕斯
· 草莓
· 樱桃糖浆
· 开心果热那亚海绵蛋糕

在最上层铺的草绿色杏仁膏上用印章按压出青草图案，撒上糖粉后呈现出立体感。

材料 （36cm×11cm×5cm的模具1个份）

开心果热那亚海绵蛋糕
Génoise à la pistache

（60cm×40cm的烤盘1个份）

全蛋　oeufs entiers…616g

细砂糖　sucre semoule…396g

中筋面粉　farine…231g

开心果粉　pistaches en poudre…215g

熔化的黄油　beurre fondu…132g

樱桃酒糖浆　sirop à imbiber kirsch

原味糖浆（P250）　base de sirop…150g

樱桃酒　kirsch…53g

*将材料混合。

开心果奶油慕斯
Crème mousseline à la pistache

奶油霜（P249）　crème au beurre…500g

卡仕达奶油酱（P248）

crème pâtissière…200g

开心果酱A*　pâte de pistache…19g

开心果酱B*　pâte de pistache…12g

*奶油霜和卡仕达奶油酱需提前放置于室温下。

*开心果酱A来自fugue公司、开心果酱B来自sevarome
公司。

草莓（中等大小）　fraises…52～56个

杏仁膏　pâte d'amandes

┌ 糖粉（干粉）sucre glace…适量

　杏仁膏生料（市售）

　pâte d'amandes crue…300g

　食用色素（绿、黄）

└ colorant vert et jaune…各适量

装饰用糖粉（P264）　sucre décor…适量

*食用色素用10倍量的樱桃酒融化备用。

做法

开心果热那亚海绵蛋糕

① 将全蛋与细砂糖放入搅拌碗内，大致搅拌一下。隔水加热，用打蛋器不停搅拌，加热至40℃。

② 移开热水，用搅拌机高速搅打至蓬松。改成中速搅打至气泡细腻，再改用低速搅打至光滑。（图1）

*充分打发后，泡沫细腻，这样烤好的蛋糕不会塌陷。

③ 将搅拌碗从搅拌机上取下来，加入过筛的中筋面粉和开心果粉。用刮刀搅拌至没有干面粉，面糊产生黏性（图2）。

*容易产生面疙瘩，需要快速搅拌。

④ 将③舀至60℃熔化的黄油内，用打蛋器搅拌均匀。然后再倒回③的搅拌碗内，用刮刀搅拌至产生光泽。

⑤ 将面糊倒入铺好烘焙用纸的烤盘内，用刮刀刮平（图3）。放入170℃的烤箱内烤17分钟左右。然后连同烤盘一并放置于室温下冷却（图4）。

*烤盘的四个角上也要倒上面糊，这样烤出来的蛋糕棱角分明，更美观。

⑥ 切掉热那亚海绵蛋糕的四个边，再将蛋糕分切成36cm×11cm的小块（1份蛋糕可分成2块）。其中，用在上面的一块蛋糕需在两边放入高1.3cm的金属板，削掉烤上色的一面（图5）。另外一块需先削掉一层薄薄的底面，再利用高1cm的金属板削掉烤上色的一面。

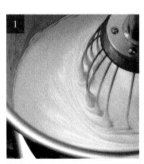

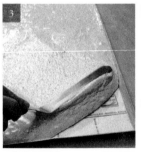

开心果奶油慕斯

① 将开心果泥A和B放入碗内，然后加入少许卡仕达奶油酱，用硅胶铲搅拌均匀（图6）。继续加入剩下的卡仕达奶油酱，每加入一次都需要充分搅拌至乳化。

*为了让奶油霜能完美融合，一定要充分搅拌至开心果的油脂与卡仕达奶油酱中的水分彻底乳化。

② 为搅拌机装上搅拌棒，用中高挡搅打奶油霜，将①分5次加入。并分别在加入一半和全部加完时，用硅胶铲清理干净粘在碗内和搅拌棒上的奶油，再沿着碗底充分翻拌均匀（图7）。

组合

① 切掉草莓蒂，并将草莓高度调整至一致。切口朝下摆放在厨房用纸上，吸干果汁。

② 将底面用的热那亚海绵蛋糕放在烤盘上，用毛刷在已削掉烤上色的一面和侧面涂抹樱桃酒糖浆（图8）。套上长方形模具（图9）。

*这一步骤大约需要70g糖浆。

③ 将开心果奶油慕斯倒入装有14mm口径圆形裱花嘴的裱花袋内。沿着②的边缘挤上奶油，再在中央挤上3道奶油。

*奶油厚度约1cm。

④ 用刮刀刮平奶油，再沿着模具长边一侧挤上一层薄薄的奶油（填充缝隙·图10）。

⑤ 将4颗草莓纵向对切开，切口贴紧模具短边的内壁，并将草莓埋入奶油内（图11）。

⑥ 剩下的草莓直接整颗使用。将草莓整理摆放到奶油内。摆放完成后，再按照⑤将纵切的草莓摆放到另一侧的短边内壁上。

*摆放草莓时，草莓需要接触到奶油下面的热那亚海绵蛋糕。

⑦ 在草莓缝隙内挤满奶油慕斯（图12）。再挤上薄薄一层奶油盖住草莓，最后用刮刀抹平（图13）。

*因为后续还要再铺一层热那亚海绵蛋糕，涂抹奶油时注意留出1cm的高度。

⑧ 在上面用的热那亚海绵蛋糕切面和侧面涂抹上樱桃酒糖浆。然后叠放在⑦上，用手掌轻轻按压。再压上烤盘，从上往下按压，让各层之间结合得更紧密一些。再在蛋糕表面涂上一层樱桃酒糖浆（图14）。

*与②合计使用约100g的樱桃酒糖浆。

⑨ 再往蛋糕表面涂一层薄薄的开心果奶油慕斯（图15）。用刮刀刮掉多余的奶油，把蛋糕放在冰箱内冷冻定型。

*为了不弄湿后面的杏仁膏，要提前涂抹奶油。

装饰

①用糖粉替代手粉，用双手充分揉杏仁膏，让杏仁膏稍微变硬一些。

*揉至差不多与耳垂硬度相近。如果加入过多糖粉，杏仁膏会变得干巴巴的。

②滴入少量用樱桃酒稀释过的食用色素，撒上适量糖粉，用手将颜色揉至均匀。一点点加入色素，最后把杏仁膏颜色调成嫩绿色（图16·图17）。

③着色完成后，用手将杏仁膏整理成正方形。再用高3mm的金属板做辅助，用擀面杖把杏仁膏擀成长方形，再用刀裁剪成45cm×20cm大小。

*杏仁膏尺寸需裁剪的比蛋糕尺寸（36cm×11cm）大一圈。

④表面撒上装饰用糖粉，用青草图案的印章随意印上图案，中间不要留缝隙（图18·图19）。需要时不时用毛刷拂去粘在印章上的糖粉。

*图案稍微有些重合也没关系，尽可能图案之间不要留空隙。

⑤撒上装饰用糖粉，用手轻轻擦拭，图案就变成白色的了（图20）。没有印上图案的地方，再用印章印上图案，再撒上装饰用糖粉，用手轻轻擦拭。最后切成宽11cm的长条。

⑥用燃烧器稍微加热一下模具，取出蛋糕。将⑤盖到蛋糕上，整理好形状（图21）。修剪掉多余的杏仁膏。

*分切蛋糕时，先用燃烧器加热一下平刃刀，刀刃前后轻微移动先切开最上层的开心果热那亚海绵蛋糕。然后再加热一下刀，这次切到底。

制作巴加特莱最关键的步骤就是奶油霜要充分乳化。但是，当年在雷诺特上班的时候，用的是英式奶油，特别难乳化。当时自己怎么都也做不好这道甜品，以至于开始怀疑自己的能力。后来和雷诺特同事交流才发现原来大家都有相同的经历。大家聚到一起还会经常讨论此事。

*S*uccès nougat abricot
胜利杏仁夹心蛋糕

在雷诺特工作时，经常听到"有一类甜品日本人不喜欢吃，可法国人特别喜欢"的言论，那就是蛋白霜类的甜品。我第一次吃这类甜品时，最先感受到的是口感松软，随后就是让人难以招架的甜。我当时就想："如果我连这种甜度都接受不了的话，就称不上喜欢法国甜品。"后来又吃了几次，自然而然就真觉得好吃了，真是不可思议。胜利杏仁夹心蛋糕是一种加了杏仁粉做成的蛋糕坯，中间夹上加入杏仁薄脆的奶油霜制作而成的甜点，表面酥脆，中间顺滑，堪称绝品。奶油中加入意式蛋白霜，口感更轻盈，让人入口难忘。当时我就下决心等将来自己开店的时候，一定要做这种最正宗的法国甜品。胜利杏仁夹心蛋糕保留了法式甜品最正宗的构造，再结合现代人的味觉喜好稍作调整。用黄杏果酱与糖水黄杏的酸味做点缀，突出奶油霜醇厚的口感。松脆的口感带给你不一样的味觉体验。

从上至下
·金箔
·糖水黄杏
·杏仁酥
·杏仁薄脆奶油霜
·黄杏果酱（中央）
·杏仁酥
·杏仁酥条（侧面）

材料 （直径6.5cm、30个份）

杏仁酥　Fond de succés

蛋白　blancs d'oeufs…300g
细砂糖　sucre semoule…90g
玉米淀粉　fécule de maïs…60g
榛子粉（带皮）　noisettes en poudre…240g
糖粉　sucre glace…240g

*蛋白需提前冷藏。

黄杏果酱　Gelée d'abricot

（每个使用12g）
黄杏果酱　purée d'abricot…880g
柠檬汁　jus de citron…44g
细砂糖　sucre semoule…176g
吉利丁片　gélatine en feuilles…15g

杏仁薄脆奶油霜

Crème au beurre à la nougatine

奶油霜（P249）　crème au beurre…1200g
意式蛋白霜（P249）
meringue italienne…240g
焦糖杏仁薄脆（P257）
nougatine d'amandes…355g

*奶油霜与意式蛋白霜需提前放置于室温下。

糖水黄杏（白葡萄酒风味）

Compote d'abricots au vin blanc

白葡萄酒　vin blanc…375g
杏干　abricots secs…350g
细砂糖　sucre semoule…90g

杏仁酥条

Croquants aux amandes bâtonnets

（容易制作的量）
纵向切碎的杏仁　amandes…200g
糖粉　sucre glace…50g
蛋白　blancs d'oeufs…15g

装饰用糖粉（P264）　sucre décor…适量
镜面果胶　nappage neutre…适量
金箔　feuille d'or…适量

做法

杏仁酥

① 将榛子粉摊放到烘焙用纸上，放在150℃的烤箱内烤18分钟左右，烤至轻微上色。放在室温下冷却备用（图1）。

② 用搅拌机高速搅打蛋白。分别在搅打至四分发、六分发、八分发时加入1/3量的细砂糖，充分搅打至蛋白有尖角（图2）。

*四分发就是产生粗白泡时，稍微能看到搅拌棒的纹路；6分发时蛋白蓬松，可以清晰看到搅拌棒的纹路；8分发就是泡沫特别细腻，搅拌棒纹路清晰可见。

③ 将搅打好的蛋白霜倒入碗内，加入玉米淀粉、①、糖粉，用硅胶铲搅拌至看不见干粉（图3）。

*容易产生面疙瘩，糖粉需一次性全部加入，再充分搅拌均匀。

④ 在已装好9齿11号裱花嘴的裱花袋内装入适量③，挤出直径6cm的圆环状面糊，30个（图4）。

*可以在烤盘内铺上画有直径6cm圆的图纸，再铺上一层烘焙用纸。按照图纸上的尺寸挤出面糊。取出图纸。

⑤ 在已装好口径10mm的圆形裱花嘴的裱花袋内装入适量③，挤成直径6cm的漩涡状圆盘，30个（图5）。在④和⑤上筛少量糖粉（图6）。

*与步骤④一样，可以在烤盘内铺上画有直径6cm圆的图纸，再铺上一层烘焙用纸。挤完后再取出图纸。

⑥ 放入130℃的烤箱内烤3小时（图7·图8）。烤好后，连同烘焙用纸一并放在冷却网上冷却，最后加入干燥剂，放到密封容器内保存。

黄杏果酱

① 先将杏子果酱加热至与体温相仿。然后加入柠檬汁、细砂糖，用硅胶铲搅拌均匀。

② 将1/5量的①一点一点加入溶化的吉利丁片内，用硅胶铲搅拌均匀。然后再倒回①内，搅拌均匀（图9）。

③ 分别往直径4cm、高2cm的圆形硅胶模具内倒入12g的黄杏果酱，放入急速冷冻机内冷冻。凝固成型后，脱模，放入冰箱内冷冻保存（图10）。

杏仁薄脆奶油霜

① 分4次往奶油霜内加入1/5量的意式蛋白霜，每加入一次都需要用打蛋器轻轻搅拌均匀，防止消泡（图11）。每次都要在完全搅拌均匀前，加入下一回的蛋白霜。

*如果使用的是冷藏的奶油霜，需提前放置室温下，用搅拌机高速搅打至光滑后再使用。

② 然后再加入剩下的意式蛋白霜和焦糖杏仁薄脆（图12），用硅胶铲搅拌均匀。注意不要过度搅拌，以防水油分离。

组合1

① 烤盘贴上透明塑料纸，摆放上直径6.5cm、高2.5cm的圆形模具。然后将杏仁薄脆奶油霜倒入装有口径17mm的圆形裱花嘴的裱花袋内，在模具内挤至一半高度（图13）。

② 用勺子背按压奶油，让奶油形成中间低、四周高的形状。

③ 将冷冻的黄杏果酱放到中央，用手指按压，让黄杏果酱与奶油保持相同高度（图14）。

④ 再往模具内挤满①，用刮刀抹平（中间·图15）。

糖水黄杏（白葡萄酒风味）

① 煮沸白葡萄酒，再用大火加热一会儿，关火。加入杏干，煮沸后转小火，时不时用铲子搅拌，煮1~2分钟。

*因为杏干还比较硬，这时候不要加细砂糖。

② 待杏子皮、筋泡软、发白后，再加入细砂糖（图16）。用小火煮到收汁。

③ 杏子变软后，就可以关火了。倒入碗内，直接浸泡在汤汁内，放置于室温下冷却（图17）。最后放入冰箱内冷藏一夜。

杏仁酥条

① 用硅胶铲将糖粉与蛋白搅拌均匀。加入纵切好的杏仁，充分搅拌。

② 然后撒到铺上硅胶垫的烤盘上。放入170℃烤箱内烤8分钟左右，烤至稍微凝固。

③ 从烤箱内取出，用刮刀充分搅拌（图18）。然后再次摊放在烤盘上，放入烤箱内再烤3分钟，烤到整体上色。放置于室温下冷却，连同干燥剂一并放入密封容器内保存。

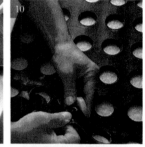
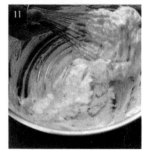

装饰

① 用燃烧器加热圆形模具的侧面，将<组合1>脱模，放在冰箱内解冻。

*如果在冷冻状态下直接装饰，蛋糕坯容易湿漉漉的。因此需要提前解冻。

② 将圆盘状的杏仁酥烤上色的一面朝上放置，然后放上①（图19）。用手指轻轻按压，让二者紧紧贴合。

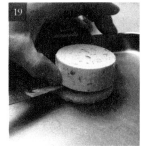

③ 将圆环状的杏仁酥烤上色的一面朝上放置，然后用口径15mm的裱花嘴在杏仁酥中央钻出一个洞（图20）。

*杏仁酥特别容易碎，用裱花嘴不要完全钻透，最后可以用刀尖一点一点钻透。

④ 将③放到②上，用手指轻轻按压，使二者贴合。

⑤ 然后在侧面随意粘上杏仁酥条（图21）。再筛上少许装饰用糖粉。

*为了突出立体效果，可以将杏仁酥条插到杏仁薄脆奶油霜内。

⑥ 将糖水黄杏放到厨房用纸上，吸干汤汁。表面抹上一层薄薄的镜面果胶，然后插到步骤③凿好的洞内。最后装饰上金箔（图22）。

因为这款甜点很难分切，因此特意做成了一人份，或许这样会更受日本人的喜爱。succès在法语中是"成功"的意思。雷诺特先生从地方甜点得到灵感制作了这款甜点，因颇受好评，特取此名。

*P*aradis 天堂

鲜果夏洛特是一款极为经典又极为普通的法国甜点。但是刚刚踏入甜品世界的我，却能从这款甜点中感受到一股强大的力量。这是一款不需要特别装饰，无论怎么切都好看的甜点。美味与颜值并存，堪称甜品届的典范。口感酥脆的饼干、口感绵软的巴伐利亚奶冻……无与伦比的美味！还需要其他华丽的辞藻来形容吗？每次制作，我内心都激动不已。我制作的"天堂"用散发着樱桃酒香味的巴伐利亚奶冻、糖水鲜果和慕斯层层叠加，再加上满满的水果，是一款水果用料充足的鲜果夏洛特。我有一家位于法国凡尔赛的甜品店，店内制作的鲜果夏洛特颇具人气，深受小孩、大人的喜爱。其实在雷诺特也有一款相同名字的甜点。但是味道和做法却大相径庭，但是传递给人们的幸福感和美味是相同的。我觉得这款甜点非常符合天堂的美妙感觉，因此取了此名。

从上至下
· 用果酱凝固到一起的红果
· 红果慕斯
· 糖水红果
· 樱桃酒风味的巴伐利亚奶冻
· 草莓糖浆
· 杏仁热那亚海绵蛋糕
· 侧面是粉红色手指饼干

材料 （直径15cm、高4cm的圆形模具5个份）

粉红色手指饼干
Biscuit à la cuiller rosé
（5cm×1.8cm、约120个份）
细砂糖　sucre semoule…70g
食用色素（粉色）　colorant rouge…适量
蛋白*　blancs d'oeufs…80g
蛋黄　jaunes d'oeufs…40g
低筋面粉　farine ordinaire…50g
玉米淀粉　fécule de maïs…13g
糖粉　sucre glace…适量
*蛋白需提前充分冷藏。

杏仁热那亚海绵蛋糕
Genoise aux amandes
（60cm×40cm的烤盘1个份）
全蛋　oeufs entiers…504g
细砂糖　sucre semoule…360g
低筋面粉　farine ordinaire…162g
布丁粉　flan en poudre…126g
杏仁粉　amandes en poudre…126g
熔化的黄油　beurre fondu…54g

草莓糖浆　Sirop à imbiber fraise
（1个蛋糕约用30g）
草莓酱　purée de fraise…76g
原味糖浆　base de sirop…76g
水　eau…46g
草莓利口酒*　crème de fraises…14g
*所有材料混合均匀。
*草莓利口酒使用的是Crème de Fraises，下同。

糖水红果
Compote de fruits rouges
草莓（冷冻）　fraises…400g
树莓（冷冻）　framboises…130g
野生草莓（冷冻）　fraises des bois…200g
细砂糖　sucre semoule…100g
柠檬汁　jus de citron…30g
吉利丁片　gélatine en feuilles…11.5g
草莓利口酒　crème de fraises…15g

樱桃酒风味的巴伐利亚奶冻
Bavaroise au kirsch
（1个蛋糕使用140g）
牛奶　lait…300g
香草荚　gousse de vanille…1/2根
蛋黄　jaunes d'oeufs…105g
细砂糖　sucre semoule…96g
吉利丁片　gélatine en feuilles…8g
树莓白兰地　eau-de-vie de framboise…5g
樱桃酒　kirsch…5g
鲜奶油（乳脂含量35%）
crème fraîche 35% MG…260g

红果慕斯
Mousse aux fruits rouges
草莓酱　purée de fraise…429g
树莓酱　purée de framboise…75g
细砂糖　sucre semoule…86g
吉利丁片　gélatine en feuilles…18g
石榴糖浆　grenadine…32g
草莓利口酒　crème de fraises…39g
鲜奶油（乳脂含量35%）
crème fraîche 35% MG…343g

果酱红果
Confiture de fruits rouges
（容易制作的量）
草莓酱　purée de fraise…300g
树莓酱　purée de framboise…200g
细砂糖A　sucre semoule…300g
NH果胶　pectine…6g
细砂糖B　sucre semoule…50g

草莓（小个）　fraises…适量
树莓　framboises…适量
蓝莓　myrtilles…适量
黑莓（糖渍）　mûres…适量
醋栗　groseilles…适量
尚蒂伊鲜奶油（P248）
crème Chantilly…适量
果酱红果
confiture de fruits rouges…适量
原味糖浆（P250）　base de sirop…适量

做法

粉红色手指饼干

① 往少量细砂糖内加入食用色素，用手指搅拌均匀（图1）。

② 搅拌盆内放入蛋白和①，用打蛋器稍微搅拌一下，用搅拌机高速搅拌。剩下的细砂糖分别在搅打至4分发、6分发、8分发时加入1/3量，充分搅打至蛋白有尖角（图2）。

*打发标准请参照P21<杏仁酥>②。

③ 加入搅打好的蛋黄，高速大致搅拌。

④ 将搅拌盆取下，加入低筋面粉和玉米淀粉，用硅胶铲搅拌均匀（图3）。

⑤ 将④倒入装有口径10mm的圆形裱花嘴的裱花袋内，挤120根长5cm、宽1.8cm的手指饼面糊（图4）。连同烘焙用纸一并放到烤盘内，筛上少许糖粉，静置片刻待糖粉融化后，再筛上一次。

*可以在烤盘上铺一层画有长5cm线条的纸，再铺上烘焙用纸，沿着线条挤出相同长度的面糊。取下纸张。

⑥ 上火210℃、下火190℃烤8分钟左右。烤好后，连同烘焙用纸一并放到冷却网上，室温下冷却（图5）。

杏仁热那亚海绵蛋糕

① 将全蛋和细砂糖放入搅拌盆内，稍微搅拌一下。隔水加热，用搅拌器不停搅拌，加热至40℃（图6）。

② 用搅拌机高速搅拌至蓬松。改成中速，搅拌至气泡细腻，最后改成低速整理气泡（图7）。

③ 将低筋面粉、布丁粉、杏仁粉一并加入，用硅胶铲搅拌至没有干粉，且产生黏性。

④ 往约60℃的黄油内舀一铲子③，搅拌均匀。然后再倒回③内，用硅胶铲搅拌至产生光泽（图8）。

*舀起面糊，面糊呈缎带状滴落的状态。

⑤ 往铺好烘焙用纸的烤盘内倒入④，用刮刀抹平（图9）。

⑥ 放入175℃烤箱内烤17分钟左右。烤好后，连同烤盘一并放置于室温下冷却（图10）。

糖水红果

① 将冷冻的草莓、树莓、野草莓直接放入铜锅内，加入细砂糖、柠檬汁，开火加热。用打蛋器不停搅拌（图11）。

② 加热至沸腾后，关火。放入吉利丁片，用硅胶铲搅拌至溶化（图12）。倒入碗内，再将碗浸入冰水内冷却，加入草莓利口酒，搅拌均匀。倒入贴好透明塑料纸的平盘内，放入急速冷冻机内冷冻。

③ 凝固后，用直径13cm的圆形模具压成圆形（图13）。放入急速冷冻机内冷藏。

组合1

① 将杏仁热那亚海绵蛋糕从烤盘内取下，用锯齿刀削去底面薄薄的一层。

② 用直径15cm的圆形模具压出圆形，用小刀沿着模具切下蛋糕（图14）。借助高1cm的金属板，用锯齿刀削去烤上色的一面（图15）。

③ 然后将②淋上足量的草莓糖浆，再套上圆形模具（图16）。

樱桃酒风味的巴伐利亚奶冻

① 铜锅内放入牛奶、香草籽和香草荚，开火加热至沸腾。

② 同时，碗内放入蛋黄、细砂糖，用打蛋器搅打至细砂糖熔化。

③ 往②内加入1/3量的①，用打蛋器充分搅拌。然后倒回铜锅内，开中火加热，用硅胶铲不停搅拌，加热至82℃（英式奶油/图17）。

＊为了避免过度加热，趁未达到82℃之前关火，利用余热加热。

④ 加入吉利丁片，搅拌至溶化。用滤网过滤（图18），用硅胶铲不停搅拌，放到冰水内冷却至25℃。然后加入树莓白兰地和樱桃酒，搅拌均匀（图19）。

⑤ 将鲜奶油搅打至7分发，往④内加入1/3量的奶油，稍微搅拌一下。再一点点加入剩下的鲜奶油，用打蛋器充分搅拌均匀（图20）。

⑥ 为了不浪费沾在碗底的鲜奶油，把⑤倒回装鲜奶油的碗内，用打蛋器搅拌均匀。

⑦ 往<组合1>的圆形模具内倒入140g ⑥（图21），放入急速冷冻机内冷冻。

红果慕斯

① 将草莓和树莓果酱加热至40℃左右。然后加入细砂糖，用硅胶铲搅拌至熔化。

② 往溶化的吉利丁片内一点点加入①，充分搅拌均匀。再倒回①内，充分搅拌。

③ 将石榴糖浆与草莓利口酒混合后，加入②，用硅胶铲搅拌均匀（图22）。将碗放到冰水内，不停搅拌，冷却至25℃。

④ 将鲜奶油搅打至7分发，往③内加入1/3量的奶油，稍微搅拌一下。再加入剩下的鲜奶油，用打蛋器充分搅拌均匀（图23）。为了不浪费沾在碗底的鲜奶油，再倒回装鲜奶油的碗内，用打蛋器搅拌均匀。

组合2

①　将糖水红果放到樱桃酒风味的巴伐利亚奶冻上，用手指按压，使二者紧密贴合（图24）。

②　将红果慕斯倒满圆形模具（图25），放入急速冷冻机内冷冻。

果酱红果

①　铜锅内放入草莓和树莓果酱，加入细砂糖A，大火加热。用硅胶铲搅拌至沸腾。

②　NH果胶与细砂糖B混合后加入①内，用打蛋器充分搅拌（图26）。用硅胶铲搅拌，一直煮到糖度达到63%brix为止（图27）。

③　倒入平盘内，裹上保鲜膜。放置于室温下冷却，然后再放入容器内，移至冰箱冷藏保存。

装饰

①　留一颗草莓不去蒂，剩下的草莓全部去蒂。其中一半草莓纵向对切开。

②　用燃烧器加热模具的侧面＜组合2＞，脱模，放到裱花台上。粉红色手指饼干内侧蘸上少许充分打发的尚蒂伊鲜奶油，贴到蛋糕侧面（图28）。

＊一个蛋糕大约需要19根手指饼干。

③　用少量原味糖浆溶解果酱红果。然后均匀包裹到树莓、蓝莓、草莓（除了有蒂的）表面（图29）。

④　将③和黑莓摆放到蛋糕上面，尽量摆放得美观绚丽。最后再摆上醋栗和①有蒂的草莓。

⑤　然后将果酱红果装入一次性裱花袋内，沿着手指饼干上方约1/2高处挤上少许（图30）。

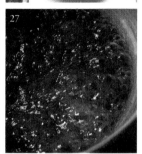
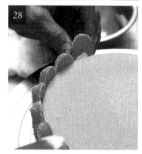

Paris S'éveille的很多工作每天都需要重复。心中时刻牢记踏踏实实做好每一件事，在甜品制作上不可有丝毫马虎。例如，制作巴伐利亚奶冻和慕斯时，为了避免混合不均匀，最后需要将液体倒入装鲜奶油的碗内，再充分搅拌。诸如此类的小细节，我们绝不会偷懒。

S

savarin vin rouge

红酒萨瓦林

我第一次吃雷诺特出品的萨瓦林蛋糕时，被深深震撼到了，味道完全不同于和风点心。蛋糕浸满了朗姆酒糖浆，口感冲击力极强，因为加入了洋酒，有些辣口！吃完后，我都开始怀疑我之前吃的萨瓦林蛋糕到底都是些什么东西。虽然蛋糕浸满了糖浆，但是仍能够品尝到蛋糕原本的口感。现在很多萨瓦林蛋糕都不加酒，但我觉得酒是万万不能少的。"红酒萨瓦林"的诞生灵感源于桑格利亚酒。桑格利亚酒是用红酒、橙子、肉桂等材料调配而成的，与奶油、果酱搭配后，非常适合制作玻璃瓶甜品。为了达到爽口清新的口感，在尚蒂伊鲜奶油中增添了酸奶，二者搭配味道很赞，但这在法国甜品中很少见。为了追求萨瓦林蛋糕紧实的口感，一般传统做法是把蛋糕面糊搅拌到产生面筋，但是我只是把面糊搅拌均匀。法国的糕点师们说："蛋糕呈现出细腻、高级的口感，才是真正的萨瓦林。"

从上至下
· 橙皮丝
· 焦糖杏仁
· 酸奶肉桂尚蒂伊鲜奶油
· 橙子肉
· 红酒树莓果酱
· 橙子果酱
· 红酒糖浆浸泡过的萨瓦林蛋糕
· 迪普罗奶油

材料 （口径5.5cm、高7cm的玻璃杯·20个份）

萨瓦林蛋糕 Pâte à savarin

（口径5cm、高3cm的玛芬模具20个份。
每个使用20g。）

鲜酵母 levure fraîche…16g
水 * eau…75g
全蛋 oeufs entiers…80g
高筋面粉 farine de gruau…167g
细砂糖 sucre semoule…10g
脱脂奶粉 lait écrémé en poudre…8.5g
盐 sel…3.2g
熔化的黄油 beurre fondu…50g
*水温23℃。

红酒糖浆

Sirop de trampage au vin rouge

红酒 vin rouge…1650g
橙子皮 * zestes d'orange…2个份
柠檬皮 * zestes de citron…2个份
细砂糖 sucre semoule…730g
橙汁 jus d'orange…180g
柑曼怡 Grand-Marnier…18g
*橙子和柠檬削皮备用。

红酒树莓果酱

Gelée au vin rouge et à la framboise

（每个使用15g）
红酒糖浆 *
sirop de trampage au vin rouge…260g
树莓果酱 purée de framboise…36g
吉利丁片 gélatine en feuilles…4g
*浸泡过萨瓦林蛋糕的红酒糖浆。

酸奶肉桂尚蒂伊鲜奶油

Crème Chantilly yaourt à la cannelle

（每个使用30g）
酸奶尚蒂伊 *
"yaourt Chantilly"…373g
鲜奶油（乳脂含量40%）
crème fraîche 40% MG…187g
肉桂粉 cannelle en poudre…1g
糖粉 sucre glace…56g
*酸奶尚蒂伊使用的是中泽乳业的酸奶口味的发酵
乳。可以打发成奶油。

迪普罗奶油

Crème diplomate

（每个使用30g）
卡仕达奶油酱（P248）
crème pâtissière…500g
尚蒂伊鲜奶油（P248）
crème Chantilly…100g

焦糖杏仁（P256）
amandes caramelisées…适量
糖渍橙皮丝（P263）
écorces d'orange julliennes confites…适量
橙子果酱 marmalade d'orange…240g
橙子果肉 * oranges…80块
*橙子切大块备用。

做法

萨瓦林蛋糕

① 搅拌盆内放入水和溶解的鲜酵母，用打蛋器搅拌。加入全
蛋液，继续搅拌（图1）。
② 将高筋面粉、细砂糖、脱脂奶粉一并过筛，加入①。搅拌
机装上和面钩，低速搅拌至看不见干粉（图2）。
*脱脂奶粉容易形成疙瘩，过筛加入后需立即搅拌。
③ 加入盐，低速搅拌。中途暂停搅拌机，用刮刀清理粘在和
面钩和盆壁上的面糊。
④ 食盐混合均匀后，改用中低速搅拌。待面糊稍微上劲后（图
3），再次暂停搅拌机，清理面糊。
*为了口感更佳，面糊不要搅得过于上劲。
⑤ 继续低速搅拌，分3次加入与体温相仿的熔化的黄油，每加
入一次都需要充分搅拌均匀（图4）。
*加入黄油后，面糊看上去很稀薄，再继续搅拌便可重新上劲。

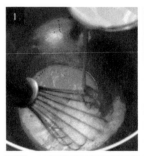
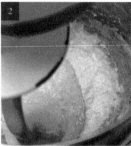
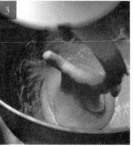
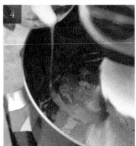

⑥ 取下搅拌盆，用硅胶铲搅拌。舀起来，面糊呈黏稠且柔软的状态（图5）。

*面糊稍欠光滑，看上去有点断裂感，这正是萨瓦林面糊特有的质感。

⑦ 将面糊⑥倒入装有口径16mm的圆形裱花嘴的裱花袋内，然后挤到刷过油的模具内，每个模具挤20g面糊（图6）。

⑧ 放置于室温下发酵10～15分钟至面糊体积膨胀约2倍。（图7）

⑨ 放入190℃烤箱内烤12分钟左右。烤好出炉后，将模具倒扣脱模，再把萨瓦林蛋糕放到烤盘上。

⑩ 再放入160℃烤箱内烤20分钟，烤干蛋糕（图8）。室温下冷却。

红酒糖浆

① 锅内放入一半的红酒、橙子皮和柠檬皮，开火。煮沸后关火，盖上锅盖焖5分钟（图9）。

② 另一个锅内加入剩下的红酒、细砂糖、橙汁，加热至45～50℃，溶化细砂糖。

③ 将①和②倒入平盘内，混合。再加入柑曼怡，混合均匀* （图10）。

*这时糖浆的温度约55℃。

组合

① 将萨瓦林蛋糕头部膨胀的部分削掉。

② 削下的一面朝下浸泡到红酒糖浆内。盖上锅盖，然后再翻面浸泡45分钟（图11）。放在冷却网上，沥干多余的糖浆。

红酒树莓果酱

① 锅内放入红酒糖浆和树莓果酱，加热至与人体体温相仿。

② 分两次往溶化的吉利丁片内加入少量的①，每加入一次都需要用打蛋器搅拌均匀（图12）。再倒回①内，用打蛋器搅拌均匀后，过筛。

酸奶肉桂尚蒂伊鲜奶油

① 用打蛋器将酸奶尚蒂伊（图13）搅打至光滑。分三次加入鲜奶油，每加入一次都需要立即搅打均匀。

② 加入肉桂粉，搅拌均匀（图14），裹上保鲜膜，放在冰箱内冷藏一个晚上。

*冷藏一晚后，肉桂粉更加融合。

③ 使用前加入糖粉，用搅拌机高速搅充分搅打至有尖角（图15）。

*这种奶油很难打发，即使充分打发，仍旧不干爽。

迪普罗奶油

① 用硅胶铲将卡仕达奶油酱搅拌至光滑，然后再加入充分打发的尚蒂伊鲜奶油，搅拌均匀即可（图16）。

装饰

① 借助高2.5cm的金属板切割<组合>的萨瓦林蛋糕。在切口处挖出一个倒圆锥形（图17）。

*使用锯齿刀，蛋糕旋转着切更容易切。

② 将迪普罗奶油倒入装有口径12mm的圆形裱花嘴的裱花袋内，往每个玻璃瓶中挤30g。将玻璃杯垫在毛巾上轻轻敲几下，让奶油平整。

③ 把①的切口朝下放入②内。从上轻轻往下压，让蛋糕与奶油紧紧贴合（图18）。

④ 再在中央挤上12g的橙子果酱，用勺子背抹平。

⑤ 将红酒树莓果酱调整至室温，往④内每个倒入15g。

⑥ 将橙子果肉分切成4等份，摆放成花形。放入冰箱内冷却至果酱凝固（图19）。

⑦ 用刮刀涂抹酸奶肉桂尚蒂伊鲜奶油，将⑥的缝隙填满。表面整理出一个光滑的凹槽。

⑧ 将剩余的酸奶肉桂尚蒂伊鲜奶油倒入装有8齿10号锯齿裱花嘴的裱花袋内，挤成饱满的花形（图20）。

⑨ 将焦糖杏仁切成3～5mm的小丁，将大粒与小粒分开（图21）。依次撒到⑧的表面。

*撒上细碎的杏仁，看上去更自然。

⑩ 最后用小镊子装饰上糖渍橙皮丝（图22）。

我住在巴黎郊外的楠泰尔时，市场上开了一家农家乳制品店。我在店里看到一款焦糖酸奶，买回去一尝，味道非常棒。以此为契机意外发现酸奶可以与各种素材搭配。

2

憧憬巴黎

Paris m'inspire

　　我喜欢巴黎。如果你问我喜欢巴黎什么？我却回答不出，可我就是对巴黎怀有莫名的憧憬。说出来有点害羞，我总觉得我对巴黎有一种不一样的情愫。我脑中浮现的巴黎与旅游指南、时尚杂志上刊载的美丽优雅且熠熠发光的巴黎不同，我印象中的巴黎都是灰色调的街道。倒映着灰暗天空的塞纳河静静地流淌着，石头建筑悄然伫立在街边，这些景象让我从心里感受到了巴黎的美。25岁初次来巴黎时恰逢冬日，虽没有下雪依旧很冷，我觉得这就是巴黎应有的模样。我之所以喜欢这种画风的巴黎，或许是小时候受喜欢电影的母亲影响，当时我在法国电影里看到的巴黎就是这番景象。

　　中学时代，我经常光顾卖各种电影宣传手册的店铺，那里有很多老电影首映时的宣传册子和海报。在店里，我看到了《怒海沉尸》的宣传海报如此吸引人，因此喜欢上了电影导演雷内·克莱芒。《酒店》让我见识了以前男青年的装束与举止是如此的法国范；《禁忌的游戏》让我知道了原来这世间还有这么多恐怖的事情；《家里的树下》这部心理推理题材的电影也有种神秘的吸引力……不同于其他电影的豪华或非日常的娱乐，他的电影都是描写现实生活的。因此，通过电影画面能看到真实的街景，有一种亲近感。在他的电影里故事情节和氛围都弥漫着一层灰色，而对于我来说那就是巴黎的风景。不只是电影，从陈旧的《Vogue》杂志中看到的巴黎街景、从山本益博的《巴黎的甜品店》感受到的街道氛围都同样笼罩着一层灰色。

　　实际上，在巴黎进修时，我最喜欢塞纳河右岸地区。古色古香的Chartier餐厅、À la Mère de Famille甜品店有一种2区和9区特有的凌乱平民区的感觉，至今我仍非常喜欢。这里让我深深感受到了《巴黎甜品店》和辻静雄的书中所描绘的巴黎风景。稍微走几步就到了巴黎歌剧院和斯德岛，我非常喜欢这条狭窄的小道，已经来过无数次了。想事情的时候，我就坐在步道旁边，看着塞纳河静谧的流水，心立刻就静下来了。黎明时分，从卢浮宫走到蒙玛特，爬到山坡上，能亲眼目睹红风车乍现时的奇幻风景。那种无法用语言表达的风景和感觉，实在是太棒了。Paris S'éveille这个店名，曾经也是歌名和电影名，用日语直译成"梦醒巴黎"的话，传达不出巴黎的风貌和感觉。到访的法国人看到这个店名，还没开始品尝店内的甜品，就开始赞不绝口了。

　　在巴黎只要有时间，我都会去塞纳河右岸的咖啡馆坐一坐，点上两杯意式浓缩咖啡，发发呆，或者随意翻翻书。肚子饿了，就点上一份牛排薯条、一盘兰德沙拉或者一盘法式尼斯沙拉，大口大口吃完，超级满足。我非常喜欢这种悠然自得的闲适时光。

右上：塞纳河上的船只　右下：薄暮下的塞纳河　左上：夕阳辉映下的塞纳河和埃菲尔铁塔　左下：蒙玛特的清晨

Suprême 至尊

在法国与阿尔诺·埃拉尔相识是我一生最荣幸的一件事。他从前经营者手中买下这家叫做Pech Mignon的小甜品店。初次拜访时的情景至今记忆犹新。甜品整齐摆放在展示柜内，可以清楚感受到每一款甜品都饱含着糕点师的心血。也正是这次拜访让我第一次吃到了这款叫"至尊"的甜点。四周都是香脆的巧克力，里面柔软丝滑的慕斯中还夹杂着黑莓和红茶的香甜，巧克力在口中无限弥漫，让人难以忘怀。后来店面搬迁，店名也随之更改为"阿尔诺·埃拉尔"，我非常幸运能有机会与阿尔诺先生在厨房共事。阿尔诺先生身上有布列塔尼人特有的实在，他教会我无论何时都不要辜负客人的期待，要尽力呈献给客人最纯粹的美味。从他身上我找到了自己开店的出发点，也明确了自己努力的方向。于是，回国时我请求阿尔诺先生允许我在日本制作此款甜品。如今，原本厨师长与员工的关系早已跨越国界，我们会一起讨论经营的相关问题，成为互助共进的挚友。

从上至下
· 黑莓
· 焦糖可可薄脆
· 巧克力黑色淋面
· 黑莓风味的巧克力慕斯
· 黑加仑树莓糖浆
· 巧克力杏仁饼干
· 黑莓风味的巧克力慕斯
· 黑莓茶奶油
· 黑莓风味的巧克力慕斯
· 黑加仑树莓糖浆
· 巧克力杏仁饼干
· 侧面是黑巧克力片

材料 （4.5cm×4.5cm×高4cm·48个份）

巧克力杏仁饼
Biscuit aux amandes au chocolat

（57cm×37cm×1cm的框架1个份）

杏仁膏　pâte d'amande…221g

糖粉　sucre glace…83g

蛋黄　jaunes d'oeufs…138g

全蛋　oeufs entiers…83g

蛋白*　blancs d'oeufs…200g

细砂糖　sucre semoule…198g

低筋面粉　farine ordinaire…69g

可可粉　cacao en poudre…69g

熔化的黄油　beurre fondu…69g

*蛋白需提前冷藏。

黑加仑树莓糖浆
Sirop à imbiber cassis et framboise

原味糖浆（P250）　base de sirop…150g

黑加仑利口酒*　crème de cassis…75g

树莓白兰地　eau-de-vie de framboise…38g

*所有材料混合均匀。

*黑加仑利口酒用的是Crème de Cassis。

黑莓风味的巧克力慕斯
Mousse chocolat à la mûre

调温巧克力A*（黑巧克力、可可含量64%）

couverture noir…257g

调温巧克力B*（牛奶巧克力、可可含量40%）

couverture au lait…153g

黑莓果酱　purée de mûre…295g

鲜奶油A（乳脂含量35%）

crème fraîche 35% MG…165g

黄油　beurre…42g

蛋黄　jaunes d'oeufs…83g

细砂糖　sucre semoule…83g

鲜奶油B（乳脂含量35%）

crème fraîche 35% MG…365g

鲜奶油C（乳脂含量35%）

crème fraîche 35% MG…580g

*调温巧克力A使用的是MANJARI、调温巧克力B使用的是JIVARA LACTEE（二者均来自法芙娜公司）。

黑莓茶奶油
Crème au thé mûre

鲜奶油（乳脂含量35%）

crème fraîche 35% MG…525g

黑莓茶　thé de mûrier…35g

蛋黄　jaunes d'oeufs…130g

细砂糖　sucre semoule…210g

吉利丁片　gélatine en feuilles…7g

黑莓（糖渍）compote de mûres…48粒

巧克力黑色淋面（P259）

glaçage miroir chocolate noire…适量

黑巧克力片（P253）

plaquette de chocolate noir…每块蛋糕使用4片

焦糖可可薄脆（P257）

nougatine grué…适量

做法

巧克力杏仁饼

① 将杏仁膏加热至40℃左右，放入搅拌盆内，加入糖粉（图1）。用装有搅拌棒的搅拌机低速搅拌至蓬松。

② 将全蛋与蛋黄搅拌均匀，加热至40℃左右。其中一半鸡蛋液少量多次加入①，充分搅拌均匀。鸡蛋加入1/3量和1/2量时，需用硅胶铲清理粘在搅拌棒和搅拌盆上的杏仁膏。

③ 将剩下的鸡蛋液一次性全部加入，高速搅拌。搅拌到蓬松、发白状态时，将搅拌机速度渐渐调慢（中速→中低速→低速）（图2）。搅拌到呈缎带状时，倒入碗内。

④ 趁③低速搅拌时，同时用打蛋器将蛋白高速打发。分别在搅打至4分发、6分发、8分发时依次加入1/3量的细砂糖，搅打成质地细腻、黏稠的蛋白霜。

*打发标准请参照P21<杏仁酥>②。过度打发会导致蛋糕烤制过程中瞬间膨胀，随后塌陷，因此，一定不要过度打发。

⑤ 取下蛋白霜搅拌盆，用手持打蛋器稍微搅拌一下。加入1/3量的③，用硅胶铲混合均匀（图3）。

⑥ 加入低筋面粉和可可粉，搅拌均匀后，再少量多次加入剩下的蛋白霜，搅拌均匀（图4）。

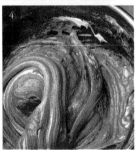

⑦　往60℃的熔化黄油内加入一勺⑥，用手持打蛋器充分搅拌均匀。然后再倒回⑥的盆内，用硅胶铲充分搅拌至产生光泽。

⑧　将57cm×37cm、高1cm的框架放到烘焙用纸上，将⑦倒入，用刮刀抹平（图5）。

⑨　取下模具，连同烘焙用纸一并放到烤盘上，放入175℃的烤箱内烤17分钟，烤好后，连同烘焙用纸一并放到冷却网上，室温下冷却（图6）。

*用杏仁膏打发而成的面糊质地厚重。蛋白霜内加入砂糖的量稍大一些，烤出来后质地更细腻。

组合1

①　薄薄削掉巧克力杏仁饼烤上色的那面（图7）。四周削整齐，用37×28.5cm、高4cm的模具将巧克力杏仁饼切成2块。

②　将模具放到烤盘上，内侧放上一块巧克力杏仁饼，削过的一面朝上放置。另外一块巧克力杏仁饼用保鲜膜包裹后，放置备用。

③　用毛刷均匀刷上125g黑加仑树莓糖浆（图8）。

黑莓风味的巧克力慕斯

①　隔水加热两种调温巧克力，加热到1/3量的巧克力熔化。

②　铜锅内放入黑莓果酱、鲜奶油A、黄油，加热至沸腾（图9）。

③　同时，另一只锅内放入蛋黄，搅打均匀后，加入细砂糖，用手持打蛋器搅拌至溶化。

④　往③内加入1/3量的②，充分搅拌均匀（图10）。再倒回②内，中火加热，按照制作卡仕达奶油酱的要领，用硅胶铲搅拌加热至82℃（图11）。

⑤　将④过滤到①内。用打蛋器从中央搅拌，渐渐搅拌到四周，最后整体搅拌均匀（图12）。

⑥　用搅拌棒搅打至富有光泽、细腻的乳化状态（图13）。

*因为加入了黑莓果酱，稍微有些粗糙。

⑦　取360g⑥放入碗内，将加热至40℃的鲜奶油B搅打至7分发后，取1/4量的鲜奶油加入碗内，用打蛋器搅拌均匀（图14）。

*剩下的黑莓奶油用于<组合2>。

⑧　将步骤⑦剩下的3/4量的鲜奶油B少量多次加入，充分搅拌均匀。用硅胶铲沿着碗底翻拌均匀。

⑨　倒到<组合1>的巧克力杏仁饼上，用刮刀抹平（图15）。将烤盘在操作台上轻轻敲几下，让表面平整。放入急速冷冻机内冷冻。剩下的慕斯保存备用。

黑莓茶奶油

①　煮沸鲜奶油，关火。加入黑莓茶。盖上锅盖焖10分钟。

②　将黑莓茶过滤到铜锅内。用硅胶铲按压茶叶，让奶油充分滴落，称出525g（图16）。如果量不够，可以再加入鲜奶油（分量外），开中火加热。

③　同时，将蛋黄与细砂糖混合，充分搅拌至细砂糖融化。

④　待②沸腾后，往③内加入1/3量，用打蛋器充分搅拌。再倒回②内。中火加热，按照制作卡仕达奶油酱的要领，用硅胶铲搅拌加热至82℃（图17）。

⑤　关火。加入吉利丁片，搅拌至溶化。过滤后，将锅放入冰水内，一边搅拌一边冷却至15℃（图18）。

⑥　将⑤全部淋到<黑莓风味的巧克力慕斯>⑨冷冻的慕斯上（图19）。用刮刀抹平表面，将烤盘在操作台上轻轻敲几下，让表面平整。放入急速冷冻机内冷冻。

组合2

①　将预留出来的黑莓风味的巧克力慕斯加热至40℃，用搅拌棒搅拌至光滑的乳化状态。

②　将鲜奶油搅打至7分发，取1/4量加入①内，用打蛋器充分搅拌均匀。

③　加入②中剩下的鲜奶油，轻轻搅拌（图20）。改用硅胶铲搅拌均匀。

④　称出750g的③，倒到冷冻的黑莓风味的巧克力慕斯上，用刮刀抹平（图21）。剩下的慕斯放置备用。

⑤　将预留出的另一块巧克力杏仁饼削过面的一面朝下放置，盖在④上。压上平盘，稍微按压让奶油与杏仁饼紧密贴合。

⑥　用毛刷均匀刷上138g黑加仑树莓糖浆。

⑦　将高1cm的金属板放到模具下，让模具升高1cm。再倒入剩下的④（图22）。用刮刀抹平表面，再用平刃刀整体抹平，清理干净粘在边缘上的奶油。放入急速冷冻机内冷冻。

*垫上金属板是因为使用的模具高度只有1cm。如果使用的是高5cm的模具，就不需要垫金属板了。

⑧　用燃烧器加热模具侧面，脱模。用平刃刀分切成4.5cm的小块。放入急速冷冻机内冷冻。

装饰

①　加热巧克力黑色淋面，用搅拌棒搅拌至光滑（图23）。将蛋糕横切面蘸上巧克力，倾斜放置，用刮刀抹去多余的巧克力淋面。放入急速冷冻机内冷冻定型。

②　然后再将蛋糕上面1cm处浸入巧克力内（图24）。倾斜蛋糕，用刮刀抹去多余的巧克力淋面。放在纸托上，罩上罩子，不要碰到巧克力淋面。放在室温下，解冻至表面的霜化开即可。

③　分别在四周贴上黑巧克力片。注意，巧克力片交错贴在蛋糕上，不要重叠（图25）。用小刀削去一点儿巧克力淋面，摆放上已经吸干汁水的糖渍黑莓（图26）。将焦糖可可薄脆用手掰成等边三角形，装饰在上面。

"至尊"深邃悠远的味道就像阿尔诺先生的人品。先生给人的印象沉默寡言、成熟稳重，这款甜点与他有着惊人的相似。让我想起我们俩在店内位于地下的厨房内一起装饰甜品，一起交流甜品制作心得，渐渐拉近距离的日子。

Monsieur Arnaud
阿尔诺先生

正值 Paris S'éveille 开业之际，为了致敬阿尔诺·埃拉尔，开发的新品"阿尔诺先生"。其中令我震惊的一点就是用牛奶巧克力制作出的甜点竟然如此美味。在此之前，我一直以为制作甜点只能用黑巧克力，以 Pierre Hermé 制作的 Plaisir Sucré（甜蜜的快乐）为开端，开启了用牛奶巧克力制作甜点的新篇章。也正是从这个时期开始我利用夹入薄巧克力和千层酥增加甜点的口感。这款甜品不需要使用模具，而是将各部分分别制作完成后组合起来即可，这也让我看到了甜品制作的全新手法。总之，这款甜点是我在巴黎时与阿尔诺先生共事时光的见证，凝聚了我当时的心情。2004年，阿尔诺先生初次访日时，来我店里看到这款甜点后特别欣慰。回到法国后，还跟自己的朋友讲述这款甜点的故事。

从上至下
· 巧克力装饰
· 蜜饯橙皮
· 黑巧克力喷砂
· 橙子风味的巧克力尚蒂伊鲜奶油
· 牛奶巧克力片
· 橙子风味的甘纳许
· 牛奶巧克力片
· 橙子风味的甘纳许
· 焦糖榛子酥
· 榛子蛋白饼

材料 材料（8cm×4cm · 30个份）

橙子风味的巧克力尚蒂伊鲜奶油

Crème Chantilly à l'orange et au chocolat
（每个使用35g）
鲜奶油（乳脂含量35%）
crème fraîche 35% MG···668g
橙子皮（削细碎） zestes d'orange···1个份
调味巧克力*（牛奶巧克力、可可含量40%）
couverture au lait···465g
*调温巧克力使用的是法芙娜公司生产的
VALRHONA JIVARA LACTEE（下同）。

榛子蛋白饼

Biscuit dacquoise à la noisette
（8.5×4cm 的费南雪模具 · 30个份）
蛋白* blancs d'oeufs···234g
细砂糖 sucre semoule···78g
榛子粉 noisettes en poudre···210g
糖粉 sucre glace···210g
榛子（带皮） noisettes···225g
*蛋白需提前冷藏备用。

橙子风味的甘纳许

Ganache chocolat au lait à l'orange
（每个使用18g）
鲜奶油（乳脂含量35%）
crème fraîche 35% MG···400g
橙子皮（削细碎） zestes d'orange···1个份
调温巧克力*（牛奶巧克力、可可含量40%）
couverture au lait···460g
柑曼怡 Grand-Marnier···10g

焦糖榛子酥

Praliné croustillant de noisettes
（每个使用20g）
调温巧克力*（牛奶巧克力、可可含量40%）
couverture au lait···83g
榛子焦糖酱 praliné de noisettes···330g
熔化的黄油 beurre fondu···33g
千层酥 feuillantine···198g

牛奶巧克力片（P253）
plaquette de chocolat au lait···60片
黑巧克力喷砂（P262）
flocage de chocolat nior···适量
装饰巧克力（P254）
décor chocolat···30片
蜜饯橙皮(P263)
écorces d'orange confites···60片

做法

橙子风味的巧克力尚蒂伊鲜奶油

① 将调温巧克力隔热水加热至3/4量熔化。
*步骤④与鲜奶油混合时需保持40℃，因此需要控制好巧克力的温度。
② 锅内放入鲜奶油和橙皮碎，加热至沸腾。关火，盖上锅盖焖10分钟。
③ 过滤②。用硅胶铲按压橙皮，尽可能过滤干净奶油（图1）。
④ 称出140g的③，放入①。用打蛋器从中央开始搅拌，然后慢慢搅拌到四周，最后再整体搅拌（图2）。
*先将30%的奶油与巧克力混合，充分乳化，做成甘纳许的基底。这样分两步加入鲜奶油，可以乳化得更彻底。
⑤ 倒入容量较深的容器内，用搅拌棒搅拌至富有光泽、光滑的状态（图3）。
⑥ 倒入碗内，加入剩余的③，用硅胶铲仔细搅拌至光滑（图4）。放入冰箱内冷藏4天左右。
*第二次添加的鲜奶油是为了打发。如果充分乳化，不利于打发，口感厚重，所以这次不使用搅拌棒。放入冰箱内冷藏4天，巧克力更丝滑，也更稳定。

榛子蛋白饼

① 费南雪模具内抹上发蜡状的黄油（分量外），再撒上高筋面粉（分量外），去除多余的面粉。放入冰箱内冷藏备用（图5）。

② 将带皮的榛子摊放在烤盘上，放入160℃的烤箱内烤12分钟。然后放入网眼较粗的笊篱内，用手揉搓，去皮。将两半的榛子和细碎的榛子分别放置（图6）。

*榛子需要烤透芯，但是也不要烤过火，否则榛子会变苦。

③ 将蛋白用搅拌机高速打发，细砂糖分别在搅打至4分发、6分发、8分发时依次加入1/3量，充分搅打至蛋白有尖角（图7）。

*打发标准请参照P21<杏仁酥>②。

④ 从搅拌机上取下，用硅胶铲搅拌均匀。加入榛子粉和糖粉，沿着盆底翻拌至看不到粉类（图8）。中途需清理干净粘在盆边和硅胶铲上的面糊，最后搅拌至面糊稍微产生黏性（图9）。

*如果面糊质地过于轻盈，烤制时面糊会一度膨胀随后再凹陷，这样会导致中心烤不透，因此这一步骤一定要充分搅拌。

⑤ 将④倒入装有口径13mm的裱花嘴的裱花袋内，用划圆圈的方式挤到模具内（图10）。

*面糊需挤到与模具高度持平，但是不需要边角都塞满面糊。

⑥ 按照"大粒→细碎"的顺序撒上②的榛子（图11）。用手轻轻按压。

*两种规格的榛子分开撒，这样更自然，也更均匀。

⑦ 放入170℃的烤箱内烤20分钟（图12）。脱模，放在冷却网上，室温下冷却。

橙子风味的甘纳许

① 将调温巧克力隔热水加热至2/3量熔化。

*与鲜奶油混合时需保持40℃，因此需要控制好巧克力的温度。

② 锅内放入鲜奶油和橙皮碎，加热至沸腾（图13）。关火，盖上锅盖焖10分钟。

③ 过滤②。用硅胶铲按压橙皮，尽可能过滤干净奶油。

④ 称出230g的③，放入①内。用打蛋器从中央开始搅拌，然后慢慢搅拌到四周，最后再整体搅拌（图14）。

*与制作<橙子风味的巧克力尚蒂伊新奶油>④相同，往巧克力内分两次加入鲜奶油，可以乳化得更彻底。

⑤ 倒入容量较深的容器内，用搅拌棒搅拌至富有光泽、光滑的状态。

⑥ 加入剩下的③和柑曼怡，用打蛋器搅拌均匀。再用搅拌棒搅拌到富有光泽、光滑的状态，充分乳化（图15）。

⑦ 倒入平盘内，盖上盖子防止表面结膜（图16）。放入急速冷冻机内冷藏定型15分钟，然后放置于室温下保存。

焦糖榛子酥

① 将调温巧克力隔水加热至熔化，然后调整到40℃。

② 在榛子焦糖酱内加入①，用硅胶铲搅拌均匀。

③ 再加入约40℃熔化的黄油，混合均匀（图17）。加入千层酥，用硅胶铲迅速搅拌均匀（图18）。

组合

① 将橙子风味的甘纳许提前2小时放置于室温下，用硅胶铲搅拌至光滑的状态。

② 分别往每块榛子蛋白饼抹上20g的焦糖榛子酥，用刮刀按压平整（图19）。

③ 将①倒入装有口径5mm的裱花嘴的裱花袋内，往②上挤出9g（图20）。

*甘纳许过多的话吃起来容易腻。一定要控制好用量。

④ 摆放上牛奶巧克力片，轻轻按压，使其黏合。

⑤ 将③～④再重复一次（图21）。放到冰箱内冷藏定型。

⑥ 将橙子风味的巧克力尚蒂伊鲜奶油嵌在冰水里，用硅胶铲搅拌至蓬松（图22）。装入裱花袋内，用泡芙填馅裱花嘴将奶油挤到⑤上，每个32g。

*为了避免奶油外溢，挤完时朝内侧断开。开端处需用刮刀整理一下（图23）。

⑦ 盖上盖子，放在急速冷冻机内冷冻定型。

装饰

① 将甜点放在烤盘上，用喷砂枪喷上加热至50℃的巧克力喷砂（图24）。再转移到另一个烤盘上。

② 取掉装饰巧克力外层的薄膜，用温热的小刀将巧克力的一端斜切一小截。插到①的中央。蘸干蜜饯橙皮上的水分，每块蛋糕装饰上两片（图25）。

与阿尔诺先生共事期间，我们约定如果某天阿尔诺先生来日本视察，一定要找我当助手。2004年我们兑现了这个约定，倍感欣喜。

F

orêt-Noire

黑森林蛋糕

在巴黎众多甜品店中，Le Stubli 是我的最爱。木质结构的店面清新典雅，店内每一款德式甜点都美味绝伦！无论是肉桂香味浓郁、馅料十足的厚厚的苹果派，还是萨歇尔蛋糕、亦或是林茨挞，美味中还散发着一种法式甜点欠缺的活力，简约而不简单。虽说我一直很想学习这些甜点的制作，但是考虑到并不是我擅长的法式甜点，总是犹豫不决，至今未敢迈出第一步。让人欣喜的是，终于有一款甜点可以让我把它当作法式甜点来学习了，那就是黑森林蛋糕。无论是东欧还是法国都有这款蛋糕，对我来说，黑森林蛋糕是介于艳美却未敢跨越的德式甜点世界与法式甜点世界之间的一款甜点。黑森林蛋糕做法简单，只要能熟练运用樱桃酒就可以完美做成。我做的黑森林蛋糕充分发挥了樱桃酒的作用，用吉士丁粉取代吉利丁片，奶油口感更轻盈。表面撒满口感醇香的黑巧克力屑。业界对黑森林的要求是"巧克力屑不能撒得太厚"，而我却觉得这样更美味。

从上至下
· 黑巧克力屑
· 酒渍黑樱桃
· 巧克力慕斯
· 巧克力饼干
· 樱桃酒奶油
· 酒渍黑樱桃
· 香料风味的酒渍黑樱桃
· 樱桃酒风味的黑樱桃糖浆
· 巧克力饼干

材料 （直径12cm、高5cm的圆形模具5个份）

巧克力饼干
Biscuit au chocolat

（60cm×40cm×2cm的烤盘1个份）

蛋白* blancs d'oeufs···500g

细砂糖 sucre semoule···500g

蛋黄 jaunes d'oeufs···188g

低筋面粉 farine ordinaire···65g

玉米淀粉 fécule de maïs···85g

可可粉 cacao en poudre···100g

*蛋白需提前冷藏备用。

樱桃酒风味的黑樱桃糖浆
Sirop à imbiber griottes au kirsch

黑樱桃糖浆* sirop aux grittes···138g

樱桃酒 kirsch···36g

原味糖浆（P250） base de sirop···43g

*使用的是P264<香料风味的酒渍黑樱桃>中腌渍黑樱桃的糖浆。

*所有材料混合均匀。

樱桃酒奶油 Crème kirsch

（每个使用100g）

卡仕达奶油酱（P248）

crème pâtissière···165g

樱桃酒 kirsch···20g

吉士丁粉* "gelée dessert"···15g

鲜奶油（乳脂含量35%）

crème fraîche 35% MG···390g

*使用的是DGF公司生产的吉士丁粉。已经加入了糖粉和淀粉，无需溶解，直接加入使用即可。

巧克力慕斯
Mousse au chocolat noir

（每个使用105g）

调温巧克力（黑巧克力、可可含量61%）* couverture noir···160g

细砂糖 sucre semoule···33g

水 eau···13g

蛋黄 jaunes d'oeufs···45g

鲜奶油（乳脂含量35%）

crème fraîche 35% MG···275g

*调温巧克力使用的是法芙娜公司生产的VALRHONA EXTRA BITTER。

黑巧克力屑（P254）

copeaux de chocolat nior···适量

可可粉 cacao en poudre···适量

香料风味的酒渍黑樱桃（P264）

griottes macerées aux épices···适量

酒渍黑樱桃 griottines···适量

镜面果胶 nappage neutre···适量

做法

巧克力饼干

① 用搅拌机高速打发蛋白。细砂糖分别在搅打至4分发、6分发、8分发时依次加入1/3量，充分搅打至蛋白有尖角（图1）。

*打发标准请参照P21<杏仁酥>②。

② 加入搅打好的蛋黄液，高速搅拌均匀。取下搅拌盆，清理干净沾在打蛋笼和盆上的面糊。

③ 加入低筋面粉、玉米淀粉、可可粉，沿着盆底翻拌（图2）。搅拌至产生光泽，舀起面糊能缓慢滴落的状态。

④ 倒入铺好烘焙用纸的烤盘上，用刮刀抹平表面（图3）。

⑤ 放入175℃烤箱内烤20分钟（图4）。将烤盘取出，放在冷却网上，室温冷却。冷却后，取下烤盘，连同烘焙用纸一并放在冷却网上。

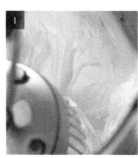
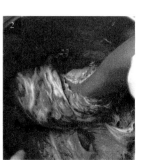

组合1

① 将巧克力饼干放在烤盘上，用直径12cm和直径10.5cm的圆形模具分别压出5片（图5）。

*一份成品需各使用1片。

② 借助高1.3cm的金属板，用锯齿刀削去直径12cm的巧克力饼干烤上色的一面（图6）。

③ 借助高1cm的金属板，用锯齿刀削去直径10.5cm的巧克力饼干烤上色的一面。盖上保鲜膜，放置备用。

④ 将直径12cm的圆形模具放在贴好透明塑料纸的烤盘上，将②放入。用毛刷刷上足量的樱桃酒风味的黑樱桃糖浆（图7）。

樱桃酒奶油

① 将半份卡仕达奶油酱隔热水加热至40℃，用硅胶铲搅拌至光滑。

② 加入吉士丁粉，混合均匀（图8）。隔热水加热至50℃，充分搅拌至溶化。

*因为吉士丁粉不需要提前浸泡，这样奶油内就不会加入多余的水分，因此会更蓬松。

③ 将剩下的卡仕达奶油酱搅拌至光滑，分4次加入樱桃酒，每加入一次都需要用打蛋器充分搅拌（图9）。

④ 将③加入②内，用硅胶铲充分搅拌。温度保持在30℃即可，如果温度过低，可以隔热水加热。

⑤ 鲜奶油搅打至8分发，取1/4量加入④内，用打蛋器充分搅拌。然后再倒回奶油碗内，搅拌均匀（图10）。换成硅胶铲，沿着碗底翻拌均匀。

组合2

① 将香料风味的酒渍黑樱桃和普通酒渍黑樱桃放在厨房用纸上，吸干多余的汁水（图11·图12）。

② 将樱桃酒奶油倒入装有口径12mm的圆形裱花嘴的裱花袋内。往<组合1>的巧克力饼干上，从边缘往中心呈漩涡状挤60g。

③ 在离模具边缘1cm处，摆上两圈酒渍黑樱桃。再按照香料风味的酒渍黑樱桃→酒渍黑樱桃的顺序摆上两圈，中心摆上香料风味的酒渍黑樱桃。轻轻按压整体，让樱桃高度保持一致（图13）。

④ 再将剩下的40g樱桃酒奶油按照漩涡状挤出薄薄一层，以基本盖住黑樱桃为宜（图14）。

⑤ 用毛刷往放置备用的直径10.5cm的巧克力饼干涂抹上樱桃酒风味的黑樱桃糖浆。抹糖浆的一面朝下放置到④上，用一个平整的工具从上往下按压，使樱桃酒奶油从巧克力饼干四周溢出（图15）。

*糖浆刷在巧克力饼干削去上色面的一面。

⑥ 在巧克力饼干表面涂抹足量的樱桃酒风味的黑樱桃糖浆。

⑦ 用刮刀抹平四周溢出的奶油，刮去多余的奶油（图16）。放入急速冷冻机冷冻。

巧克力慕斯

① 调温巧克力隔热水加热至熔化，温度调整到60℃.

② 锅内放入细砂糖和水，加热至沸腾，加入搅开的蛋黄液，用打蛋器充分搅拌，然后过筛。

③ 放入搅拌盆内，隔热水加热至即将沸腾的状态，不断用打蛋器搅拌（图17）。

④ 泡沫消失，变黏稠后，用搅拌机高速搅打。打发至整体泛白，冷却至与体温接近（图18）。

⑤ 往①内加入一铲7分发的奶油（图19），用打蛋器充分搅拌。这一操作需重复2次，做成富有光泽的甘纳许（图20）。

⑥ 加入剩下的鲜奶油，用打蛋器迅速搅拌。即将搅拌均匀时，加入④，充分搅拌（图21）。改用硅胶铲，搅拌均匀。

组合3

① 把巧克力慕斯倒入装有口径12mm的圆形裱花嘴的裱花袋内。沿着<组合2>的模具边缘挤上一圈，用勺子背涂抹出一个浅浅的凹槽（图22）。

② 将剩余的慕斯挤到中央，用刮刀延展开，并抹平表面（图23），放入急速冷冻机内冷冻。

装饰

① 用燃烧器加热模具的侧面，脱模，放到平盘上。将黑巧克力屑一片一片摆放到上面，按照甜点顶部→侧面的顺序摆放（图24）。整体要摆成蓬松的圆形，巧妙利用巧克力屑的形状与大小突出立体感。

② 撒上可可粉，盖住巧克力屑之间的缝隙（图25）。倾斜平盘，在侧面也撒上可可粉。

③ 将蘸干汁水的酒渍黑樱桃浸泡在镜面果胶内，然后放在厨房用纸上吸干多余的镜面果胶。用夹子夹住，摆放到②上。

*摆放酒渍黑樱桃时，注意不要被巧克力屑遮挡住，要突出立体感。

我妻子曾在Le Stubli工作了三年（好羡慕呀）。因此我也曾多次去过Le Stubli，在客厅内与店员们聊着天，喝着咖啡，品尝着甜点。舒适的氛围让人心情大好，女老板是个认真温和的德国人。

Théâtre

歌剧院

法国人非常热爱巧克力，而且能尝出巧克力细微的差别。法国人说他们分辨巧克力质地等微妙差异的本领就像我们分辨水果一样，真是太让人震惊了！对巧克力要求如此严苛的他们对"歌剧院"的评价是"这款甜品的巧克力质地非常棒"。这款甜点主要由足量蓬松的意大利蛋黄酱和两种质地轻盈的慕斯构成，口感细腻丝滑，入口即化。中间夹上蘸了微苦可可糖浆的香脆的杏仁酥。仔细阅读食谱，你会发现只需把各部分做好即可。去了法国，我每天都在冥思苦想如何做出与众不同的甜点、如何让甜点口感更丰富、下一款甜点该做什么。就在这种状态下诞生了"歌剧院"这款甜点。制作时，因为甜点造型是圆的，脑中自然浮现出巴黎歌剧院的屋顶。对，这款"歌剧院"指的就是巴黎歌剧院。无比喜爱巴黎歌剧院的我曾经无数次独自眺望着它。

从上至下
·焦糖可可薄脆
·巧克力黑色淋面
·黑巧克力喷砂
·意式蛋黄酱牛奶巧克力慕斯
·可可糖浆
·巧克力杏仁饼
·意式蛋黄酱黑巧克力慕斯
·杏仁酥
·侧面是加入糖衣杏仁的巧克力金黄淋面

材料（直径5.5cm、高4cm的圆形模具20个份）

可可糖浆　Sirop à imbiber cacao

原味糖浆（P250）　base de sirop…158g

水　eau…60g

可可粉　cacao en poudre…18g

巧克力杏仁饼

Biscuit aux amandes au chocolat

（37cm×28.5cm×1cm的框架1个份）

杏仁膏　pâte d'amande…110g

糖粉　sucre glace…103g

全蛋　oeufs entiers…48g

蛋黄　jaunes d'oeufs…90g

蛋白　blancs d'oeufs…103g

细砂糖　sucre semoule…17g

玉米淀粉　fécule de maïs…58g

可可粉　cacao en poudre…29g

熔化的黄油　beurre fondu…33g

杏仁酥

Praliné croustillent d'amandes

（60cm×40cm的烤盘·1个份）

调温巧克力*（牛奶巧克力、可可含量40%）couverture au lait…222g

杏仁焦糖酱　praliné d'amandes…890g

熔化的黄油　beurre fondu…91g

千层酥　feuillantine…445g

*调温巧克力使用的是法芙娜公司生产的 VALRHONA JIVARA LACTEE。

意式蛋黄酱黑巧克力慕斯

Mousse sabayon au chocolat noir

调温巧克力（黑巧克力、可可含量61%）*　couverture noir…180g

原味糖浆（P250）　base de sirop…98g

蛋黄　jaunes d'oeufs…78g

鲜奶油（乳脂含量35%）

crème fraîche 35% MG…261g

*调温巧克力使用的是法芙娜公司生产的 VALRHONA EXTRA BITTER 。

意式蛋黄酱牛奶巧克力慕斯

Mousse sabayon au chocolat au lait

调温巧克力A（牛奶巧克力、可可含量40%）couverture au lait…157g

调温巧克力B（黑巧克力、可可含量61%）couverture noir…24g

蛋黄　jaunes d'oeufs…44g

原味糖浆（P250）　base de sirop…73g

鲜奶油（乳脂含量35%）

crème fraîche 35% MG…378g

黑巧克力喷砂（P262）

flocage de chocolat nior…适量

巧克力金黄淋面（P259）

glaçage blonde…300g

糖衣杏仁（P255）

craquelin aux amandes…12g

巧克力黑色淋面（P259）

glaçage miroir chocolate noir…适量

焦糖可可薄脆（P257）

nougatine grué…适量

做法

可可糖浆

① 将原味糖浆与水放入锅内，加热，一边加入可可粉，一边用打蛋器搅拌（图1）。

② 用铲子清理干净粘在锅壁上的可可粉，沿着锅底翻拌至沸腾。过滤（图2）后放置于室温下冷却，盖上锅盖放入冰箱内冷藏一晚上。

巧克力杏仁饼

① 按照P40<巧克力杏仁饼>步骤①～⑦的制作要领制作出面糊（图3）。中途，用玉米淀粉替代低筋面粉与可可粉一并加入。

② 将37cm×28.5cm×1cm的框架放在烘焙用纸上，倒入①（图4），用刮刀抹平。

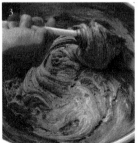
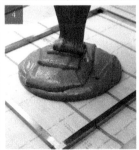

③ 脱模，连同烘焙用纸一并放到烤盘上，放入175℃的烤箱内烤17分钟。烤好后，连同烘焙用纸一并放到冷却网上室温下冷却（图5）。

④ 剥去烘焙用纸，烤上色的一面用锯齿刀薄薄削去一层。然后用直径4.5cm的圆形模具压成圆形（图6）。

杏仁酥

① 将调温巧克力隔水加热至熔化，然后调整到40℃。

② 往杏仁焦糖酱内加入①，用硅胶铲搅拌均匀。再加入约40℃熔化的黄油，混合均匀（图7）。

③ 加入千层酥，用硅胶铲沿着盆底迅速翻拌（图8）。

④ 将③移至贴好透明塑料纸的烤盘上，铺满整个烤盘，用刮刀抹平表面（图9）。放入急速冷冻机内冷却至稍微定型。

⑤ 将直径5.5cm、高4cm的圆形模具插入杏仁酥内（图10），直接再放回急速冷冻机内彻底冷却定型。

⑥ 翻面，剥去背面的透明塑料纸，沿着圆形模具的轮廓取掉多余的杏仁酥（图11）。再翻回面，放在烤盘上。

*多余的杏仁酥可以取下后保存到下次使用。

意式蛋黄酱黑巧克力慕斯

① 将调温巧克力隔水加热至熔化，然后调整到65℃（图12）。

② 煮沸原味糖浆。

*有的制作意式蛋黄酱的方子会把糖浆加热至120℃，但为了追求慕斯轻盈的口感，不需要煮太久。

③ 用打蛋器搅打蛋黄。一点点加入②内，充分搅拌均匀（图13）。

④ 将③过滤到搅拌盆内，隔水加热，用打蛋器搅拌至黏稠。

*能看到打蛋器纹路时，黏稠度刚好。

⑤ 用搅拌机高速搅打至体积蓬松。改成中速，稍微搅打一下后，再改成低速，搅拌至32℃（图14）。

⑥ 将鲜奶油搅打至6分发。依次加入①的调温巧克力和⑤，每加入一种都需要用打蛋器搅拌均匀（图15）。改用硅胶铲整体搅拌均匀。

*注意搅拌速度一定要快，否则巧克力容易凝固成屑状。

组合1

① 将意式蛋黄酱黑巧克力慕斯倒入装有口径20mm的圆形裱花嘴的裱花袋内，往杏仁酥模具内挤至2/3高（图16）。

② 将巧克力杏仁饼浸泡到加热至40℃的可可糖浆内。用手轻轻按压后，再覆盖到①上。

③ 用布丁模具从上面按压让下层的黑巧克力慕斯从四周溢出（图17）。用刮刀抹平杏仁饼和慕斯，放入急速冷冻机内冷冻。

意式蛋黄酱牛奶巧克力慕斯

① 将两种调温巧克力隔水加热至熔化，调整至55℃。

② 煮沸原味糖浆。

*与<意式蛋黄酱黑巧克力慕斯>相同，为了追求慕斯轻盈的口感，糖浆不需要煮太久。

③ 用打蛋器搅打蛋黄。一点点加入②内，充分搅拌均匀。

④ 将③过滤到搅拌盆内，隔水加热，用打蛋器搅拌至黏稠（图18）。

*能看到打蛋器纹路时，黏稠度刚好。

⑤ 用搅拌机高速搅打至体积蓬松。改成中速，稍微搅打一下后，再改成低速，搅拌至32℃。

⑥ 往①内加入两铲5分发的鲜奶油（图19），用打蛋器充分搅拌。如果出现水油分离的情况，可以再加入一铲鲜奶油，再次充分搅拌（图20）。渐渐的油脂就渗出来了。

⑦ 再加入一次鲜奶油搅拌混合后，表面会渗出油脂，富有光泽，这时候开始乳化（图21）。然后再舀入两铲鲜奶油，用力搅拌至黏稠、富有光泽的乳化状态。再加入两铲奶油，调整硬度。这时将慕斯温度调整到35℃（图22）。

*一旦出现分离，再次加入奶油搅拌可以得到更好的乳化效果。

⑧ 将剩下的鲜奶油全部加入（图23），用打蛋器挑着搅拌。一次性加入全部⑤，同样用打蛋器挑着搅拌（图24）。改用硅胶铲搅拌至整体均匀。

组合2

① 将一部分意式蛋黄酱牛奶巧克力慕斯倒入装有口径为10mm圆形裱花嘴的裱花袋内，往<组合1>的圆形模具内挤上一圈。

② 拿起模具，轻轻敲打底部，排出空气，抹平表面。用勺子背压出凹槽（图25）。

*先在慕斯内压出一个凹槽，之后慕斯能更容易挤成穹顶状。

③ 将剩下的意式蛋黄酱牛奶巧克力慕斯倒入装有口径20mm的圆形裱花嘴的裱花袋内，往②上挤成穹顶状（图26）。放入急速冷冻机内冷却定型。

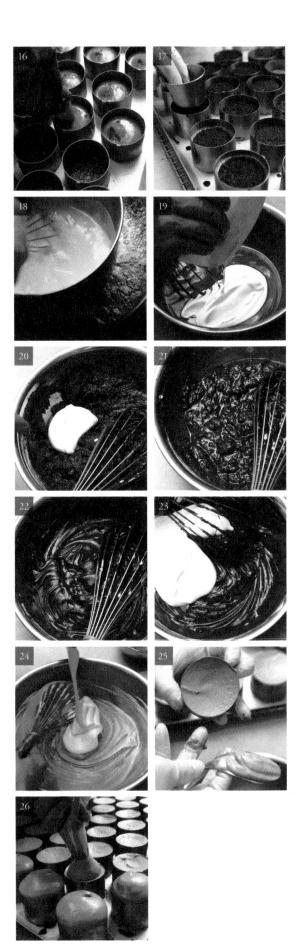

装饰

① 将黑巧克力喷砂加热至50℃。甜点摆放到烤盘上，用喷砂枪往穹顶状的慕斯部分均匀喷上巧克力（图27）。放入急速冷冻机内冷却凝固。

② 将巧克力黑色淋面加热到35℃，加入糖衣杏仁，用硅胶铲搅拌均匀（图28）。

③ 用燃烧器加热模具侧面，脱模。用小刀插入穹顶，除了穹顶，侧面和底面都浸泡到②内。

④ 提出甜点，倾斜放置，让多余的淋面自然滴落（图29）。用手指刮掉沾在底面上的淋面，然后放到纸托上，拔出小刀。

⑤ 将巧克力金黄淋面加热至熔化后，再冷却到稍微凝固的状态，装入一次性裱花袋内，以穹顶上刀痕为基点，描画出放射性线条（图30）。

⑥ 用手将焦糖可可薄脆掰成等边三角形，插到刀痕处（图31）。

慕斯无比丝滑、入口即化的质感是我最得意的。这款甜品可谓是360°无死角的美味。要逐一用手画上淋面，确实很费劲，但是我最大的心愿就是让顾客从这种纯手工制作的甜品中感受到我们的用心。

$\mathcal{G}$iverny
吉维尼

吉维尼是一座靠近诺曼底东端，依偎于塞纳河畔的安静小镇。因印象派画家莫奈晚年居住于此而闻名，在这里可以探访莫奈先生的庭院和故居，看一看他的绘画世界。因为离巴黎较近，每当想出去转转的时候，我都会来这里。这里可以欣赏到莫奈笔下的睡莲、可以漫无目的地走到小镇的尽头，可以远眺广袤的牧场上牛儿悠闲地吃着牧草，可以让人彻底放松下来。最妙的莫过于下雨天，阴沉的天空下，无论是涨满了水的塞纳河、还是低垂到河面上的柳枝，都弥漫着诺曼底地区特有的哀愁，让人流连忘返。这款"吉维尼"是我想象着吉维尼小镇的安静氛围，多次调整味道和颜色最终创作而成的。日本人一般不习惯柠檬和酸橙这类水果的强烈酸味，我就一直琢磨怎样才能把酸橙的香味融合到甜点里。最终我搭配了白巧克力和开心果。通常我习惯制作味道浓烈的甜点，这款小清新的甜点是新的尝试。虽说有点不像我的风格，但是我却视其为得意之作。

材料（直径15cm、高4cm的圆形模具6个份）

开心果酥　Praliné croustillant de pistache
（57cm×37cm×5cm 的框架1个份）

调温巧克力（白）*

couverture blanc…270g

杏仁糖　praliné d'amandes…150g

开心果糖　praliné de pistaches…150g

熔化的黄油　beurre fondu…57g

千层酥　feuillantine…300g

*调温巧克力使用的是法芙娜公司生产的
VALRHONA IVOIRE。

开心果饼　Biscuit à la pistache
（57×37cm×1cm的框架1个份）

杏仁膏生料　pâte d'amandes crue…185g

开心果粉　pistaches en poudre…77g

全蛋　oeufs entiers…92g

蛋黄　jaunes d'oeufs…82g

蛋白A　blancs d'oeufs…52g

蛋白B*　blancs d'oeufs…164g

细砂糖　sucre semoule…102g

玉米淀粉　fécule de maïs…92g

熔化的黄油　beurre fondu…41g

*蛋白需提前冷藏保存。

金酒糖浆　Sirop à imbiber gin
（每个使用25g）

原味糖浆（P250）　base de sirop…110g

金酒　gin…45g

*材料混合均匀。

树莓果冻　Gelée de framboise
（每个使用70g）

树莓果酱　purée de framboise…100g

树莓（冷冻·捣碎）　frambois…180g

柠檬汁　jus de citron…1g

细砂糖A　sucre semoule…80g

NH果胶*　pectine…5g

细砂糖B*　sucre semoule…54g

吉利丁片　gélatine en feuilles…5.3g

*果胶与细砂糖B混合备用。

开心果巴伐利亚奶冻
Bavarois à la pistache
（每个使用125g）

牛奶　lait…208g

开心果酱*　pâte de pistache…60g

香草荚　gousse de vanille…0.1根

蛋黄　jaunes d'oeufs…120g

细砂糖　sucre semoule…45g

吉利丁片　gélatine en feuilles…6.2g

鲜奶油（乳脂含量35%）

crème fraîche 35% MG…400g

*使用产自西西里的生开心果做成的果酱。afuronti
公司生产。

酸橙风味的白巧克力慕斯
Mousse chocolat blancs au citron vert
（每个使用210g）

调温巧克力（白）*

couverture blanc…500g

牛奶　lait…160g

酸橙皮（削细碎）

zestes de citron vert…1.5个份

酸橙汁　jus de citron vert…70g

蛋黄　jaunes d'oeufs…45g

细砂糖　sucre semoule…25g

吉利丁片　gélatine en feuilles…5g

鲜奶油（乳脂含量35%）

crème fraîche 35% MG…475g

*调温巧克力使用的是法芙娜公司生产的
VALRHONA IVOIRE。

酸橙镜面　Nappage citron vert
酸橙汁　jus de citron vert…165g

细砂糖A　sucre semoule…150g

柠檬酸　acide citrique…4g

水　eau…83g

NH果胶*　pectin…5g

细砂糖B*　sucre semoule…30g

*柠檬酸需加入等量的水溶化备用。

*果胶与细砂糖B混合备用。

酸橙风味的意式蛋白霜
Meringue italienne au citron vert
（容易制作的量）

水　eau…50g

细砂糖　sucre semoule…200g

蛋白*　blancs d'oeufs…135g

酸橙皮（削细碎）

zestes de citron vert…10g

*蛋白需提前冷藏保存。

杏仁片（烤好的）*

amandes effilées…适量

酸橙皮　zestes de citron vert…适量

金箔　feuille d'or…适量

*杏仁片需放在160℃烤箱内烤10～12分钟，每隔3
分钟需用铲子翻面，然后继续烤。

开心果酥

① 按照P85<开心果酥>步骤①～③制作。

② 将57cm×37cm×5cm的框架放在贴好透明塑料纸的烤盘上，倒入①，用刮刀抹平（图1）。放入急速冷冻机内冷冻。

③ 去掉框架和透明塑料纸，用直径为14cm的圆形模具压成圆形（图2）。放入急速冷冻机内冷冻（每份甜品使用1片）。

开心果饼

① 将杏仁膏生料加热至40℃，与开心果粉一起放入搅拌盆内，使用装有搅拌棒的搅拌机低速搅拌（图3）。

*开心果粉会渗出油脂，注意不要过度搅拌。

② 将全蛋、蛋黄和蛋白A混合搅拌均匀，加热至40℃。一点点加入①中，混合均匀（图4），蛋液加入1/4量和半量时需暂停搅拌机，用硅胶铲清理干净粘在搅拌棒和搅拌盆上的面糊（图5）。

③ 加入剩下的蛋液，高速搅拌。搅拌到富含空气，体积蓬松时，按照中速→中低速→低速的顺序继续搅拌（图6）。搅拌到舀起来面糊呈缎带状滴落时，转入碗中。

④ 趁步骤③改成低速搅拌时，开始用另一个搅拌机打发蛋白B。细砂糖分别在搅拌至4分发、6分发、8分发时依次加入1/3量，充分搅打至蛋白有尖角（图7）。

*打发标准请参照P21<杏仁酥>②。如果过度打发，烤好的开心果饼会迅速膨胀随后凹陷。

⑤ 用打蛋器继续搅拌④，取1/3量加入③内，用刮刀混合。

⑥ 加入玉米淀粉（图8），搅拌至没有干粉时加入剩下的蛋白霜，用刮刀搅拌均匀。

⑦ 加入约60℃熔化的黄油（图9），搅拌至稍有光泽、质地均匀。

⑧ 将57cm×37cm×1cm的框架放到硅胶垫上，倒入⑦，抹平（图10）。

⑨ 连同硅胶垫一并放到烤盘上，放入180℃的烤箱内烤14分钟（图11）。用三角刮刀揭下烤好的开心果饼，放在烤盘上室温下冷却。然后用直径14cm的圆形模具压成圆形（每份甜点使用1片）。

组合1

① 用毛刷将金酒糖浆刷到开心果饼烤上色的一面上（图12）。然后该面朝下放到开心果酥上。放入急速冷冻机内冷冻（A）。

树莓果冻

① 铜锅内放入树莓果酱和树莓、柠檬汁、细砂糖A，混合均匀后，煮至沸腾。

② 加入混合好的果胶和细砂糖B，用打蛋器搅拌至溶化（图13）。然后再用铲子搅拌加热，再次沸腾后继续用大火煮1分30秒。

③ 关火，加入吉利丁片，搅拌溶化。倒回碗内，碗底浸入冰水，冷却至黏稠。

④ 将直径14cm的圆形模具摆放到贴好透明塑料纸的烤盘上。往每个模具内倒入70g的③。用刮刀抹平（图14），放入急速冷冻机内冷冻。

*为了叠放时每一层更美观，倒树莓果冻时尽可能保持美观。

开心果巴伐利亚奶冻

① 按照P84<开心果巴伐利亚奶冻>①~⑨的要领制作面糊。

组合2

① 倒入树莓果酱的圆形模具冷冻好后，再依次倒入125g的开心果巴伐利亚奶冻面糊（图15），用刮刀抹平。

② <组合1>中的A杏仁饼朝下，放置到①上，用手轻轻按压，紧紧贴合（图16）。放入急速冷冻机内冷冻。

③ 用燃烧器稍微加热圆形模具，脱模，然后继续放入急速冷冻机内冷冻（中心）。

酸橙风味的白巧克力慕斯

① 调温巧克力隔热水加热至1/2量熔化。

② 锅内放入牛奶和削碎的酸橙皮，煮沸。关火，盖上锅盖，焖10分钟（图17）。

③ 将②转移到铜锅中，再次煮沸。

④ 同时，用打蛋器搅打蛋黄和细砂糖，加入酸橙汁（图18）。

⑤ 往④内加入③，用硅胶铲搅拌加热至82℃（英式奶油）。关火，加入吉利丁片，搅拌溶化。

⑥ 将⑤倒入①内（图19），用打蛋器从中心开始搅拌，渐渐搅拌到四周，整体搅拌均匀。

⑦ 倒入容量深的容器中，用搅拌棒搅拌至富有光泽、光滑的乳化状态（图20）。再倒回碗内。

*这时温度约40℃。

⑧ 鲜奶油打至6分发，取1/4量加入⑦中，充分搅拌均匀。加入剩下的鲜奶油继续搅拌（图21），换成硅胶铲搅拌至均匀。

组合3

① 将直径15cm的圆形模具摆放到贴好透明塑料纸的烤盘上。

② 将酸橙风味的白巧克力慕斯倒入装有口径10mm的裱花嘴的裱花袋内，往①每个模具内挤上200g。用勺子背涂满模具内壁（图22）。

③ 杏仁酥朝下放到②的中心处，用手指压至与模具同高（图23）。用刮刀清理干净从四周溢出的慕斯，然后抹平。放入急速冷冻机内冷冻。

酸橙镜面

① 锅内放入酸橙汁、细砂糖A、柠檬酸、水，加热至沸腾。

② 将混合好的果胶和细砂糖B加入①中，用打蛋器搅拌至溶化（图24）。然后再用铲子搅拌加热至再次沸腾，沸腾1分钟。
*注意不要溢锅。

③ 过滤后放置室温下冷却（图25）。然后放入冰箱内保存。使用时需加热到与人体温相仿的温度。

酸橙风味的意式蛋白霜

① 将细砂糖和水放入锅内，煮到118℃.

② 趁①加热到90℃时，将蛋白放入搅拌机内高速充分打发。

③ 将①倒入②内，搅拌至体积蓬松（图26）。搅打速度由中低速转到低速，搅拌到温度接近体温即可。

④ 加入削碎的酸橙皮，低速搅拌均匀（图27）。

装饰

① 用燃烧器稍微加热一下模具侧面，蛋糕脱模放到裱花台上。

② 上面抹上酸橙风味的意式蛋白霜，用刮刀尖固定住中心，转动裱花台，抹平蛋白霜。侧面用刮刀抹上足量的蛋白霜，然后再转动裱花台抹平侧面。蛋白霜涂抹厚度需一致（图28）。

③ 上面和侧面多余出来的蛋白霜需用刮刀清理干净（图29）。

④ 上面中心处放上直径为8.5cm的圆形模具，压出印迹。

⑤ 将蛋白霜倒入装有泡芙填馅裱花嘴的裱花袋内，沿着④压好的印迹往外侧挤出奶油，整体挤成风车状（图30）。将蛋糕转到铺好纸托的烤盘上，放入冰箱内冷藏10分钟。

⑥ 随意撒上少许杏仁片，再整体筛上糖粉。倾斜烤盘，侧面也需撒上糖粉。

⑦ 放入200℃的烤箱内烤1分钟。

⑧ 沿着蛋白霜的内侧倒上酸橙淋面，抹平。然后撒上削碎的酸橙皮（图31）。在蛋白霜的顶端装饰上一片金箔。

从上至下

·酸橙风味的意式蛋白霜

·酸橙镜面

·酸橙风味的白巧克力慕斯

·树莓果冻

·开心果巴伐利亚奶冻

·金酒糖浆

·开心果饼

·开心果酥

*P*ompadour
蓬巴度夫人

让我彻底信服加入黄油的奶油与酸味搭配特别和谐的是在 Ladurée 吃的"蓬巴度夫人"，奶油霜搭配热带水果酱，四周用焦糖饼干卷起来。基于此味道，我将其改进成一款适合生日或特殊日子的蛋糕。用多种水果制作而成的全新口味的果酱，装饰上尽可能接近蓬巴度夫人的人物形象，表面覆盖一层色调淡雅的杏仁膏，再用蛋白霜描绘出精致的花边。

从上至下
· 蛋白糖霜
· 银色糖粒
· 杏仁膏
· 椰子达克瓦兹
· 香草风味的奶油慕斯
· 热带水果酱（中央）
· 香草风味的奶油慕斯
· 椰子达克瓦兹

蓬巴度夫人 Pompadour

材料 （直径15cm、高4cm的圆形模具·3个份）

椰子达克瓦兹
Biscuit dacquoise à la noix de coco
（57cm×37cm×1cm的框架1个份）
*使用P75<椰子达克瓦兹>的全量。

热带水果酱　Gelée exotique
（60cm×40cm的烤盘1个份）
百香果酱
purée de fruit de la passion…615g
番石榴果酱　purée de goyave…240g
香蕉酱　purée de banane…240g
草莓酱　purée de fraise…510g
酸橙汁　jus de citron vert…240g
细砂糖　sucre semoule…280g
吉利丁片　gélatine en feuilles…30g
黑胡椒（粉末）　poivre noir…1g

香草风味的奶油慕斯
Crème mousseline à la vanille
卡仕达奶油酱（P248）
crème pâtissière…520g
香草精 extrait de vanille…7g
奶油霜（P249）crème au beurre…1000g
*香草精是天然浓缩的香草原液。

蛋白糖霜　Glace royal
（容易制作的量）
糖粉　sucre glace…300g
蛋白　blancs d'oeufs…100g
柠檬汁　jus de citron…适量

杏仁膏生料
pâtes d'amandes crue…300g
糖粉（手粉）　sucre glace…适量

银色糖粒
perles de sucre argentées…适量

椰子达克瓦兹

① 按照 P75<椰子达克瓦兹>① ~ ②制作出达克瓦兹面糊，倒入57cm×37cm×1cm的框架内，放入175℃烤箱内烤20分钟。从烤盘内取出，放到冷却网上，室温下冷却。

② 用直径14cm的圆形模具压出6片圆形达克瓦兹（每份使用2片）。

热带水果酱

① 将4种水果酱、酸橙汁、细砂糖放入耐热碗内，充分搅拌混合后，放入微波炉内加热到40℃。

② 往溶化的吉利丁片内分2次加入少量的①，用打蛋器搅拌均匀。再倒回①内，加入黑胡椒，继续搅拌均匀。

③ 倒入贴好透明塑料纸的烤盘内，放入急速冷冻机内冷冻。

④ 用直径14cm的圆形模具压成圆形，取掉塑料纸。

香草风味的奶油慕斯

① 往提前放置于室温下的卡仕达奶油酱内加入香草精，用硅胶铲搅拌均匀。

② 奶油霜用装好搅拌棒的搅拌机中速搅打至光滑。将①分5次加入，每加入一次都需要像轻度打发似的搅拌。加入一半和加入全部①时，都需要用硅胶铲清理干净粘在搅拌棒和盆内的奶油，最后用硅胶铲沿着碗底翻拌均匀。

组合

① 用小刀往圆形模具的内侧抹上薄薄一层香草风味的奶油慕斯，再将模具摆放到贴好透明塑料纸的烤盘上。

② 取1片椰子达克瓦兹，铺到①的底部。将香草风味的奶油慕斯装入装有口径12mm的圆形裱花嘴的裱花袋内，在达克瓦兹的表面从外侧往中心挤成漩涡状。

*挤入的奶油高度略低于模具的一半高。

③ 在②的中央放上热带水果酱，轻轻按压紧实。

④ 再将香草风味的奶油慕斯从外侧往中心挤成漩涡状。

*挤入的奶油高度约低于1.2cm处。

⑤ 再盖上一层椰子达克瓦兹，再压上一块与达克瓦兹尺寸相同的平板，从上往下按压紧实。

*压至低于模具3cm的位置。

⑥ 在⑤的上面挤上香草风味的奶油慕斯，用刮刀抹平表面，并清理干净多余的奶油。放入急速冷冻机内冷冻。

蛋白糖霜

① 将糖粉和蛋白放入搅拌盆内，用装好搅拌棒的搅拌机高速打发至有尖角。

② 加入柠檬汁，继续搅拌到蛋白霜可以挤成形的程度。

*时间久了蛋白糖霜会失去光滑，变得很难挤，因此要在使用前制作。

装饰

① 蛋糕放入冰箱内2小时解冻。

② 在杏仁膏上撒足量的糖粉，用手将杏仁膏揉到稍微有些硬度。

*硬度和耳垂相仿即可。如果糖粉过多，杏仁膏会变得干巴巴的。

③ 杏仁膏揉成一团，撒上糖粉，整成圆形，再用擀面杖擀成比厚2mm、直径15cm的圆形模具大两圈的样子，用毛刷掸去多余的糖粉。

④ 用擀面杖卷起来，再放到①上。表面要完全贴合到蛋糕上，用手小心整理，侧面不要出现褶皱。

⑤ 切去多余的部分，边缘处用手指整理整齐。

*不要拿起蛋糕，放在操作台上操作。

⑥ 用小刀在蛋糕表面的边缘处压出8个印记。

⑦ 将蛋白糖霜倒入一次性裱花袋内，剪一个小口，根据⑥压好的印记在蛋糕侧面分别画出3条像垂幕的曲线。

⑧ 将蛋白糖霜装入装有8齿·3号锯齿裱花嘴的裱花袋内，在⑥压好的印记处从下往上挤出贝壳形。然后再装饰上银色糖粒。

⑨ 将蛋白糖霜装入一次性裱花袋内，剪一个大口，在侧面挤上连续的球形。表面描画出装饰图案。

达克瓦兹一般都会加入油脂含量较高的坚果，不需要加面粉，需充分烤透，否则发黏。烤好后可能还会返潮，尽可能烤至干脆。

T arte chocolat praliné noisette

榛果巧克力蛋糕

巧克力蛋糕是法国人最爱的甜品，就像日本人最爱大福和铜锣烧。因此，必须保留最正统的味道，绝不能随意改动配方，本款甜点我使用了巧克力和鲜奶油比例为1:1的原味甘纳许。为了避免过于腻口，特意加入了法国人最爱的甜味榛奶酱以及口感丝滑的自家制榛子酱。蛋糕切成正方形，造型既简洁又不失现代感。

从上至下
· 黑巧克力片
· 焦糖榛仁
· 巧克力黑色淋面
· 原味甘纳许
· 甜味榛奶酱（中央）
· 自家制榛子酱
· 巧克力蛋糕层

榛果巧克力蛋糕　　　　　　　　　　　　　　Tarte chocolat praliné noisette

材料 （6cm×6cm×2cm · 30个份）

巧克力蛋糕层
Pâte sucrée au chocolat
（每个使用20g）
黄油　beurre…178g
糖粉　sucre glace…72g
杏仁粉　amandes en poudre…72g
全蛋　oeufs entiers…62g
低筋面粉　farine ordinaire…286g
可可粉　cacao en poudre…26g
泡打粉　levure chimique…3g

自家制榛子酱
Praliné noisette à la maison
（80个份、每个使用5g）
榛仁（带皮）　noisettes…225g
水　eau…40g
细砂糖　sucre semoule…140g
香草荚　gousse de vanille…1根

甜味榛奶酱
Crème onctueuse au praliné noisette
（57cm×37cm×6mm的框架 · 1个份）
鲜奶油（乳脂含量35%）
crème fraîche 35% MG…880g
蛋黄　jaunes d'oeufs…187g
细砂糖　sucre semoule…163g
吉利丁片　gélatine en feuilles…11g
榛果夹心巧克力（黑）*
gianduja noisettes noir…60g
榛子酱　pâte de noisette…120g
*使用的是法芙娜公司生产的GIANDUJA NOISETTE NOIR。事先切碎备用。

原味甘纳许　Ganache nature
（每个使用35g）
调温巧克力（黑巧克力、可可含量61%）*
couverture noir…525g
鲜奶油（乳脂含量35%）
crème fraîche 35% MG…525g
黄油　beurre…52g
*调温巧克力使用的是法芙娜公司生产的VALRHONA EXTRA BITTER。

巧克力黑色淋面（P259）
glaçage miroir chocolat noir…适量
焦糖榛子（P256）
noisettes caramelisées…30颗
黑巧克力片（P253）
plaquette de chocolate noir…30片
金箔　feuille d'or…适量

巧克力蛋糕层

① 参照P76<巧克力蛋糕层>①~④制作面坯。整理成厚2cm的面团后，用保鲜膜包裹放入冰箱内冷藏一个晚上。

② 用手轻轻揉①，揉至光滑后整成四方形。再旋转90°用压面机压成厚2.75mm的面坯。

③ 放在烤盘上，用刀切去边角。放入冰箱内冷藏30分钟左右，待面坯硬度恰好。

④ 将面坯放入6cm×6cm×2cm的模具内（面坯整形→P265）。

⑤ 将④摆放在铺好网状不粘布的烤盘内，内侧放上铝制杯子，再装入重石。放入170℃烤箱内烤14分钟。出炉后，放置室温下冷却10分钟，然后再取下重石、铝制杯子和模具。再次放入170℃的烤箱内烤5分钟，出炉，室温下冷却。

自家制榛子酱

① 将榛子摊放在烤盘上，放入160℃的烤箱内烤10～15分钟。

*无需去皮，利用皮的涩味增强榛子的独特风味。

② 铜锅内放入水、细砂糖、香草籽和香草荚，开大火加热。待冒大气泡时，用木铲不断搅拌，加热到呈金黄色。

*可以根据个人喜好调整焦糖的焦化程度。

③ 关火，加入①中的榛子，用木铲搅拌。

*如果榛子已经冷却了，需用烤箱再加热到烫手后，再加入。

④ 开中火加热，用木铲沿着锅底翻拌。待开始冒烟，锅底的焦糖呈深棕色时，将其倒到网状不粘布上，用木铲摊开，室温下冷却。

⑤ 凝固后，稍微切碎，再放入食物搅拌器内打磨成稍微有些颗粒，且浓稠有光泽的程度即可。

*中途可用木铲清理一下粘在刀片和容器上的焦糖酱。

甜味榛奶酱

① 铜锅内放入鲜奶油，煮沸。

② 同时，用打蛋器搅打蛋黄和细砂糖。加入1/3量的①，继续充分混合。再倒回铜锅内，用硅胶铲不停搅拌加热至82℃＜英式奶油＞。

③ 关火，加入吉利丁片，搅拌至溶化。

④ 碗内放入切碎的榛果夹心巧克力和榛子酱，并将③过滤到碗内。用打蛋器从中央开始搅拌，渐渐搅拌到四周，最后整体搅拌均匀。

⑤ 倒入容量较深的容器内，用搅拌棒搅拌至产生光泽、丝滑的乳化状态。

⑥ 将57cm×37cm×6mm的框架放到贴好透明塑料纸的烤盘上，倒入⑤。抹平表面，放入急速冷冻机内冷冻。

⑦ 将小刀插入模具与榛奶酱之间，脱模。用加热的平刀刀将其切成4cm×4cm的方块，再放入急速冷冻机内冷藏。

原味甘纳许

① 调温巧克力隔水加热至1/2量熔化。

② 鲜奶油煮沸。一半加入①中，用打蛋器从中央开始搅拌，渐渐搅拌到四周，最后整体搅拌均匀。再加入剩下的一半，按照同样的方法搅拌，使其乳化。

③ 倒入容量较深的容器内，用搅拌棒搅拌至产生光泽、丝滑的乳化状态。

④ 加入发蜡状的黄油，用硅胶铲简单搅拌。再用搅拌棒搅拌至产生光泽、丝滑的乳化状态。

组合

① 用喷砂枪往巧克力蛋糕层内侧喷上可可脂（分量外）。分别加入5g自家制榛子酱，用刀尖抹平。

② 将原味甘纳许倒入裱花袋内（无裱花嘴），挤到①的一半高。再放上一块甜味榛奶酱，用手指按压至与甘纳许同高。

③ 再挤满原味甘纳许。用小刀抹平，放入冰箱内冷藏凝固。

装饰

① 加热巧克力金黄淋面，用小刀涂抹到表面。放入冰箱内冷藏凝固。

② 在边角处放上一粒焦糖榛仁。将巧克力黑色淋面放入一次性裱花袋内，在表面挤上少量。再摆放一片黑巧克力片。

③ 金箔放在刀尖上，再放到巧克力片的角上。

为了不影响风味，巧克力蛋糕层要用低温烤制。因为小麦粉用量较少，冷却后往模具内放置时容易撕破。注意不要过度冷却，趁蛋糕还比较软时迅速放入模具内。

Un dimanche à Paris

巴黎的星期天

Il est cinq heure. Paris s'e veille.

　　巴黎的星期天是一周中最特别的一天。基本上所有的餐馆和商店都休息了，特别安静。法式甜品店周日只有上午营业，一般都是一家人一起过来采购甜点，因此店里十分热闹。过了中午，我们糕点师的工作就结束了。回去的路上心里喜不自禁，"可以睡个午觉啦！"没有工作的星期天，我会一早去超市采购一周的食材，在家附近买面包，有时候也会买芝士和价格实惠的红酒。然后就去塞纳河畔散步或者去朋友家玩儿……总之，星期天的生活特别多姿多彩。如何将这份记忆体现到甜品上呢？这款甜品完成后，我脑中不禁浮现出"巴黎的星期天"这几个字。各种热带水果交织而成的味道和难忘的记忆，对我来说具有特别的意义。制作方面，我采纳了"口感清新的甘纳许"这种全新的概念，试图打破传统法式甜点的思维定势。这是一款给人深刻印象的甜点。

材料　（12cm×12cm×3cm方形模具2个份）

椰子香草尚蒂伊鲜奶油

Crème Chantilly à la noix de coco et à la vanille

鲜奶油（乳脂含量35%）

crème fraîche 35% MG…320g

香草荚　gousse de vanille…1/2根

调温巧克力（白）*

couverture blanc…95g

椰子利口酒*

liqueur de noix de coco…65g

椰子糖浆*　sirop à la noix de coco…35g

*使用的是法芙娜公司生产的VALRHONA IVOIRE
系列白巧克力。

*椰子利口酒使用的是MALIBU、椰子糖浆使用的
是MONIN。

焗烤菠萝

Ananas rôti façon Tatin

（57cm×37cm的方形模具1个份）

波萝　ananas…3150g

香草荚　gousse de vanille…1根

细砂糖　sucre semoule…630g

黄油*　beurre…80g

*黄油切边长1.5cm的小块。

椰子达克瓦兹

Biscuit dacquoise à la noix de coco

（57cm×37cm×1cm的框架1个份）

蛋白*　blancs d'oeufs…400g

细砂糖　sucre semoule…135g

杏仁粉　amandes en poudre…175g

糖粉　sucre glace…360g

椰肉　noix de coco râpe…185g

*蛋白提前冷藏备用。

牛奶巧克力奶油

Crème onctueuse chocolat au lait

鲜奶油（乳脂含量35%）

crème fraîche 35% MG…260g

橙子皮（削细碎）

zestes d'orange…2/3个份

转化糖　trimoline…40g

吉利丁片　gélatine en feuilles…0.3g

调温巧克力（牛奶巧克力、可可含量
　　40%）*　couverture au lait…190g

柑曼怡　Grand-Marnier…40g

*使用的是法芙娜公司生产的VALRHONA JIVARA
LACTEE系列牛奶巧克力。

巧克力挞皮

Pâte sucrée au chocolat

（15个份）

黄油　beurre…162g

糖粉　sucre glace…65g

杏仁粉　amandes en poudre…65g

全蛋*　oeufs entiers…57g

低筋面粉　farine ordinaire…260g

可可粉　cacao en poudre…24g

泡打粉　levure chimique…3g

*全蛋需提前放置室于温下。

椰子蛋白糖霜

Meringue Française à la noix de coco

（容易制作的量）

蛋白*　blancs d'oeufs…100g

细砂糖　sucre semoule…100g

糖粉　sucre glace…100g

椰肉　noix de coco râpe…30g

椰丝　noix de coco…适量

*蛋白提前冷藏备用。

巧克力焦糖淋面（P260）　glaçage miroir
chocolate au lait et au caramel…适量
糖衣杏仁（P255）
craquelin aux amandes…适量
香草透明镜面（P258）
napage à la vanille…适量

做法

椰子香草尚蒂伊鲜奶油

① 调温巧克力隔热水加热至1/2量熔化。

② 锅内放入鲜奶油、香草籽和豆荚，煮沸。关火，盖上
锅盖焖15分钟。

③ 过滤②。按压滤网内的香草荚，充分过滤出奶油。称
出320g，如果分量不足，可以加入鲜奶油补足。

④ 开中火，咕嘟咕嘟沸腾后，加入①（取分量外）47g奶
油（图1）。

⑤ 用打蛋器从中央开始搅拌，渐渐搅拌到四周，最后整
体搅拌均匀。倒入容量较深的容器内，用搅拌棒搅拌至产
生光泽、丝滑的乳化状态。

*先将巧克力和一半的奶油充分乳化，做成甘纳许的基底。分两步
加入鲜奶油，可以乳化得更彻底。

⑥ 往⑤内加入48g剩下的④，同样用打蛋器搅拌均匀。
再用搅拌棒进一步搅拌成富有光泽的乳化状态（图2）。

⑦　转移到碗内，分3次加入剩下的④，每加入一次都需要充分搅拌。室温下冷却。

⑧　加入椰子利口酒和椰子糖浆，用打蛋器搅拌均匀（图3）。裹上保鲜膜，放在冰箱内冷藏24小时。

⑨　用搅拌机高速打发，搅打至稍微黏稠后，取下搅拌盆。改用手持打蛋器搅拌。然后再用搅拌机搅打至6分发。

⑩　倒入碗内，碗底浸入冰水内，用手持打蛋器搅打至8分发（图4）。

⑪　倒入装有8齿·7号锯齿裱花嘴的裱花袋内，往贴好透明塑料纸的烤盘上挤出直径3cm的花形（图5）。盖上盖子，放入急速冷冻机内冷冻。

焗烤菠萝

①　削净菠萝皮，切掉硬芯，将果肉切成1cm的小丁。与香草籽和香草荚、细砂糖一并放入碗内，用手稍微搅拌（图6）。

②　连同渗出的菠萝汁一并倒入容量较深的平盘内，撒上黄油（图7）。

③　盖上盖子，放入200℃的烤箱内烤2个半小时。每隔1小时取出搅拌均匀，最后30分钟打开1/4的盖子继续烤制。

＊一般需要长时间烘烤水果时会使用燃气烤箱。

④　温度调低至150℃，打开1/4的盖子继续烤1小时。烤干汁水（图8）。

⑤　从烤箱内取出，整体搅拌均匀后，放置室温下冷却。裹上保鲜膜，放入冰箱内冷藏一晚上。

椰子达克瓦兹

①　用搅拌机高速搅打蛋白，分别在搅打至4分发、6分发、8分发时依次加入1/3量的细砂糖，充分搅打至蛋白有尖角。

＊打发标准请参照P21<杏仁酥>②。

②　将杏仁粉、糖粉、椰肉混合加入①内，用手翻拌（图9）。基本搅拌均匀时，用刮刀清理粘在碗内和手上的面糊。然后再继续搅拌至舀起面糊，稍微有些硬度即可。

③　将57cm×37cm×1cm的框架放在烘焙用纸上，倒入面糊，抹平表面（图10）。

④　脱模，连同烘焙用纸一并放到烤盘上，放入175℃的烤箱内烤20分钟。出炉，连同烘焙用纸一并放在冷却网上，室温下冷却（图11）。

组合1

①　用锯齿刀切去椰子达克瓦兹的边角，切下1块大小与37cm×28.5cm的方形模具外周相吻合的。模具放到贴好透明塑料纸的烤盘上，再将切好的达克瓦兹放入。

②　放入1125g焗烤菠萝，用刮刀抹平（图12）。放入急速冷冻机内冷冻。

③　从方形模具内取出，用平刃刀切去四边，再将达克瓦兹切成边长10.5cm的方块。放到贴好透明塑料纸的烤盘上，再套上12cm×12cm×3cm的方形模具，放入急速冷冻机内冷冻（图13）。

牛奶巧克力奶油

① 调温巧克力隔热水加热至1/2量熔化。

② 锅内放入鲜奶油和橙皮，煮沸。关火，盖上锅盖焖10分钟后过滤。按压滤网内的橙皮，充分过滤出奶油。

③ 将②和转化糖放入锅内，开火加热，用打蛋器搅拌至溶化。关火，加入吉利丁片，搅拌至溶化（图14）。

④ 称出74g倒入①内（图15），用打蛋器从中央开始搅拌，渐渐搅拌到四周，最后整体搅拌均匀。

*先将巧克力和一半的奶油充分乳化，做成甘纳许的基底。这样分两步加入鲜奶油，可以乳化得更彻底。

⑤ 倒入容量较深的容器内，用搅拌棒搅拌至产生光泽、丝滑的乳化状态。

⑥ 往⑤内加入74g剩下的③，同样用打蛋器搅拌均匀。再用搅拌棒进一步搅拌成富有光泽的乳化状态。加入剩下的③和柑曼怡，用搅拌棒搅拌至丝滑的乳化状态（图16）。

⑦ 搅拌碗浸入冰水内，偶尔用硅胶铲搅拌，冷却至35℃。

⑧ 倒入漏斗内，往<组合1>的模具和面坯之间注满巧克力奶油，奶油与面坯等高（图17）。放入急速冷冻机内冷冻。

*先往模具与面坯之间注满巧克力可防止奶油溢出。

⑨ 待巧克力奶油凝固到不沾手时，再往⑧内注满巧克力奶油（图18）。在表面喷一层酒精消除气泡，放入急速冷冻机内冷冻。

巧克力挞皮

① 用装好搅拌棒的搅拌机将黄油搅打成发蜡状。加入糖粉，低速搅拌。用硅胶铲清理干净粘在碗内和搅拌棒上的黄油，继续搅拌。

② 加入杏仁粉，大致搅拌（图19），然后一点点加入搅打均匀的全蛋液，充分混合均匀。中途清理粘在碗内和搅拌棒上的面糊。

*先加杏仁粉有助于后续的乳化。如果过度搅拌，杏仁粉会渗出油脂。

③ 将低筋面粉、可可粉、泡打粉一并加入，用搅拌机低速断断续续搅拌（图20）。稍微搅拌后，用硅胶铲清理沾在碗内和搅拌棒上的面糊，然后再继续搅拌至看不到干粉。

④ 移入平盘内，延展成厚2cm的状态（图21）。裹上保鲜膜，放入冰箱内松弛一个晚上。

⑤ 用手轻轻揉面团，再分别旋转90°用压面机压成厚2.25mm的面坯。

⑥ 用平刃刀切去边角。将面坯切成与边长12.5cm的方形模具外周相吻合的2片面坯（每份使用1片）。

*将面坯切成与模具外周相等尺寸，烤制缩水后，大小正好。

⑦ 将面坯摆放在铺好网状不粘布的烤盘内，放入160℃烤箱内烤14分钟。出炉后，不要翻面，直接放在烤盘内，室温下冷却（图22）。

椰子蛋白糖霜

① 用搅拌机高速打发蛋白。分别在搅打至5分发、7分发、9分发时依次加入1/3量的细砂糖，充分搅打至蛋白有尖角，做成富有光泽坚挺的蛋白霜（图23）。

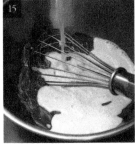

*5分发就是整体蓬松的状态、7分发就是颜色更白、开始粘在打蛋笼上的状态、9分发就是基本打发完成，稍微有些黏稠的状态。相比蛋白，细砂糖的用量较多。比制作普通蛋白糖霜时加入砂糖的时间要晚一步，这样有利于充分打发。

② 加入糖粉，高速搅拌。取下搅拌盆，继续用硅胶铲搅拌至看不到糖粉。

③ 加入椰肉，用硅胶铲沿着盆底翻拌至产生光泽（图24）。

④ 倒入装有8齿·7号裱花嘴的裱花袋内，往铺好烘焙用纸的烤盘上挤出直径约3cm的花形（图25）。

⑤ 撒上椰丝，用手掌轻轻按压，使其贴合（图26）。

⑥ 放入100℃的燃气烤箱内烤1个小时。关火，直接放在烤箱内干燥一个晚上（图27）。连同干燥剂一并放入密封容器内保存。

装饰

① 用喷砂枪往巧克力挞皮表面喷上可可脂（分量外）。

② 用燃烧器加热模具，脱模。放入急速冷冻机内冷冻定型。

③ 将①放在冷却网上，再叠放上②。再按照侧面→表面的顺序均匀涂满加热的巧克力焦糖淋面。用刮刀抹平表面（图28），双手轻轻敲打冷却网，让多余的巧克力焦糖淋面自然滴落。

④ 待淋面凝固不沾手后，用手拿起蛋糕，用刮刀切掉底面多余的淋面。

⑤ 侧面沾上糖衣杏仁（图29）。放到纸托上，再往蛋糕表面一点点撒上5×5列的糖衣杏仁（图30）。

*洒在表面的糖衣杏仁可防止尚蒂伊鲜奶油四溢。

⑥ 用竹扦插透冷冻过的椰子香草尚蒂伊鲜奶油。表面沾满香草透明镜面（图31），用手指取掉多余的镜面。

*操作这一步时，每次从急速冷冻机内取出2～3个尚蒂伊鲜奶油。

⑦ 拔出竹扦，放在刮刀上。然后再紧密摆放到糖衣杏仁上面（图32）。

*按照1横列→1左纵列→1横列……的顺序摆放。

⑧ 装饰上5个椰子蛋白糖霜（图33）。

从上至下
· 椰子蛋白糖霜
· 椰子香草尚蒂伊鲜奶油
· 巧克力焦糖淋面
· 牛奶巧克力奶油
· 焗烤菠萝
· 椰子达克瓦兹
· 巧克力挞皮
· 侧面是糖衣杏仁

3

美好时代时期的巴黎

La belle époque de la pâtisserie parisienne

29岁时我开始在一家叫PASSION的餐厅工作，在法国主厨的带领下，我成了一名负责制作甜点的大厨。还有一家叫Lepetit Boudon的甜品店委托我为他们制作甜点，可以说我在甜品事业上是顺风顺水。但是，如果有人追根究底质问我："法式甜点的美味到底是什么？"我会不知所措，接着就会涌出"我做的甜点到底好吃吗"之类的疑问，大脑一片混乱，更加不知所措。我过于纠结"我要做出与众不同的甜点"，而没有明确的方向，总是不安又徒劳无功。要从这股纠葛中挣脱出来，唯有亲自去法国印证自己做的甜点到底是不是真正的法式甜点。这时，我已经34岁了。与同一代糕点师相比，我去法国学习的时间确实有些太迟了，但是1999年，我和同样是糕点师的妻子毅然决定去法国学习。

在那里我们看到了以Pierre Hermé为首的糕点师正在倡导的法国糕点界的变革，处处充满生机。引进制作料理的手法和时尚元素，重视甜点口感的变化，掀起了百花齐放的热潮，着实让人入迷。在我看来这份繁荣景象正是法国的"美好时代"。他们并不是一味地追求时髦、不断地标新立异，而是秉承着传统甜点这一根基，不断追求更美味。我还惊喜发现原来Pierre Hermé和我都

出自雷诺特。他和他的徒弟们用新思路、新手法创造出很多集颜值与美味于一身的甜点，它们的味道并不过于复杂，而是着重突出主角的味道。看到他制作的甜品，我会产生很多共鸣，同时也让我更坚定。善用原料制作甜点正是雷诺特最大的特长。"美味并不是那么难以企及"。也正是这个时期奠定了Paris S'éveille甜点的创作基调。

在法国的这段日子，让我有机会与比雷诺特的同事——年轻的糕点师们交流，这让我懂得了如何变通。无论是年龄、感觉，还是在法国的体验都是完全不同的。在两个不同环境间穿梭，可以接触到不同的思维方式与理念，这为我的甜点创作和经营增添了全新的动力。

回国后，我把变革后的法国甜点呈现给大众时，大家很震撼也很享受这种变化。变化并不是坏事。但是，这与只追求流行、造型，打造明星糕点师截然不同。食物是离不开追求美味这一本质的。无论是制作方法、味道组合亦或是色彩搭配和形状造型，都是为了让食物更美味。这样想来，追求华丽而不摒弃传统的变革时期确实是21世纪初期法国糕点界的"美好时代"。这道光芒一直照亮着我前行的道路。

Tarte Printanière

春天挞

我在雷诺特上班时，店内供应的甜品在当时算是最新潮、最时尚的甜点了。当时一起工作的糕点师们经常说："再也不会有超越我们的甜品了。"但随着时代的更迭，新事物层出不穷。比如，挞类甜品。为了防止口感变差，挞类都是放置室温下保存，绝对不能放在冷藏柜内。这是我年轻时学习到的基本常识。我亲自去了法国后才惊奇地发现，原来挞类也被当作蛋糕的一种，与奶油和巴伐利亚蛋糕一并放在冷柜内保存。或许这一革新源自 Pierre Hermé 出品的"咖啡挞"。尝上一口，味道惊人的好。这件事让我强烈感受到刻板印象有时有必要被打破。"春天挞"就是这种小蛋糕形式的、散发着春天气息的挞类甜品。开心果醇香清新的味道搭配上黑樱桃果酱强烈的酸甜味，再点缀上樱桃酒柔和的香味。

从上至下
· 糖浆渍樱桃
· 糖衣开心果
· 樱桃酒风味的尚蒂伊鲜奶油
· 开心果巴伐利亚奶冻
· 黑樱桃果酱
· 开心果酥
· 樱桃
· 开心果风味的杏仁奶油
· 挞皮

春天挞 　　　　　　　　　　　　　　　　　　　　Tarte printanière

材料 （直径6.5cm、高1.7cm的圆形模具30个份）

樱桃酒风味的尚蒂伊鲜奶油
Crème Chantilly au kirsch
（每份使用23g）
调温巧克力（白）*
couverture blanc…144g
鲜奶油（乳脂含量40%）
crème fraîche 40% MG…540g
樱桃酒　kirsch…54g
*使用的是法芙娜公司生产的 VALRHONA IVOIRE 系列白巧克力。

黑樱桃果酱
Confiture de griotte
（容易制作的量。每份使用15g）
樱桃（冷冻）　griotte…500g
细砂糖A　sucre semoule…195g
细砂糖B*　sucre semoule…55g
NH果胶　pectine…5.5g
*细砂糖B与NH果胶混合备用。

挞皮　Pâte à sucrée
（每份使用20g）
黄油　beurre…162g
糖粉*　sucre glace…108g
杏仁粉*　amandes en poudre…36g
全蛋*　oeufs entiers…54g
低筋面粉　farine ordinaire…270g
*糖粉与杏仁粉混合备用。
*全蛋需提前放置于室温下。

开心果风味的杏仁奶油
Crème d'amandes à la pistache
（每份使用15g）
黄油*　beurre…120g
细砂糖　sucre semoule…120g
杏仁粉　amandes en poudre…120g
全蛋*　oeufs entiers…90g
布丁粉　flan en poudre…15g
开心果酱A*　pâte de pistache…33g
开心果酱B*　pâte de pistache…1g
*黄油和全蛋分别放置于室温下。
*开心果酱A来自Fugue公司、开心果酱B来自Sevarome公司。

开心果巴伐利亚奶冻
Bavarois à la pistache
（直径6.5cm的萨瓦林模具30个份。每份使用30g）
开心果酱*　pâte de pistache…66g
牛奶　lait…233g
香草荚　gousse de vanille…1/3根
蛋黄　jaunes d'oeufs…132g
细砂糖　sucre semoule…50g
吉利丁片　gélatine en feuilles…7g
鲜奶油（乳脂含量35%）
crème fraîche 35% MG…430g
*开心果酱使用的是Afuronti公司生产的产品。

糖衣开心果　Craquelin pistache
（容易制作的量）
开心果（去皮）　pistache…200g
细砂糖　sucre semoule…200g
水　eau…50g

樱桃酒糖浆　Sirop à imbiber kirsch
（每份使用5g）
原味糖浆（P250）　base de sirop…120g
樱桃酒　kirsch…42g
*材料混合均匀。

开心果酥
Praliné croustillant de pistache
（每份使用10g）
调温巧克力（白）*
couverture blanc…90g
杏仁焦糖酱　praliné amandes…50g
开心果焦糖酱*　praliné pistache…50g
熔化的黄油　beurre fondu…19g
千层酥　feuillantine…100g
*使用的是法芙娜公司生产的 VALRHONA IVOIRE 系列白巧克力。
*开心果酱使用的是Fugue公司生产的产品。

樱桃　griotte…300g
开心果绿色喷砂（P262）
flocage de chocolat blanc coloré…适量
樱桃（糖浆浸渍）　cerises…适量

做法

樱桃酒风味的尚蒂伊鲜奶油

① 调温巧克力隔热水加热至2/3量熔化。

② 煮沸鲜奶油，往①内加入72g。用打蛋器从中央开始搅拌，渐渐搅拌到四周，最后整体搅拌均匀（图1）。倒入容量深的容器内。

*72g鲜奶油正好是一半巧克力的量。充分乳化后做成甘纳许的基底。然后再加入剩下的鲜奶油，这样可以乳化得更彻底。

③ 用搅拌棒搅拌至产生光泽、丝滑的乳化状态（图2）。

④ 转移到碗内，分4次加入剩下的鲜奶油，每加入一次都需要充分搅拌（图3）。

*之后加入的鲜奶油起到打发的作用。充分乳化会影响打发效果，质感过于厚重，因此此处不需使用搅拌棒搅拌。

⑤ 室温下冷却后，加入樱桃酒，搅拌均匀（图4）。裹上保鲜膜，放在冰箱内冷藏一晚上。

黑樱桃果酱

① 将冷冻的樱桃直接与细砂糖A混合。裹上保鲜膜隔热水加热（图5），偶尔混动几下，加热到樱桃出汁（图6）。

② 为了避免干燥，用保鲜膜密封，再整体裹上一层保鲜膜，放置于室温下冷却。再放入冰箱内冷藏一晚上。

③ 用搅拌棒碾碎樱桃，不要磨成泥，稍微保留些颗粒感（图7）。

④ 移至铜锅内，用大火加热。加热到40～50℃时，加入混合好的细砂糖B和NH果胶，用打蛋器搅拌至溶化。

⑤ 用硅胶铲搅拌，煮至糖度达72% Brix（图8）。果肉与果汁整体分布均匀，果肉不会沉底。

*充分煮制收汁，黑樱桃果酱果味更浓郁。糖度不宜过高，这样组合时与巴伐利亚奶冻能更好的融合。

⑥ 倒入平盘内，裹上保鲜膜。放置于室温下冷却后，再放入冰箱内冷藏凝固。

挞皮

① 用装好搅拌棒的搅拌机将放置于室温下的黄油搅打成发蜡状。加入糖粉和杏仁粉（图9），低速搅拌至看不见粉类。中途可暂停机器，清理沾在盆壁和搅拌棒上的面糊。

*先加杏仁粉有助于后续的乳化。但如果过度搅拌，杏仁粉会渗出油脂。

② 继续用低速搅拌，将搅匀的全蛋液分5～6回加入，每加入一次都需要充分搅拌均匀（图10）。加入一半时，清理沾在盆壁和搅拌棒上的面糊（图11）。

*鸡蛋如果一次性加入会出现分离现象，蛋液温度过高会导致黄油熔化，温度过低又会很难乳化，最好使用放置于室温下的鸡蛋。

③ 加入低筋面粉，用搅拌机低速断断续续搅拌（图12）。暂停搅拌机，清理沾在盆壁和搅拌棒上的面糊，然后再继续低速搅拌。

④ 将面糊移入平盘内，用手轻轻展平。裹上保鲜膜，放入冰箱内松弛一个晚上（图13）。

⑤　从冰箱内取出放到操作台上，用手轻轻揉面团，揉至光滑后整成四方形。再旋转90°用压面机压成厚2.75mm的面坯。

⑥　放在烤盘上，用大一圈的圆形模具（直径8.5cm）压成圆饼（图14）。放入冰箱内冷藏30分钟左右，待面坯硬度恰好。

⑦　放入直径为6.5cm、高1.7cm的圆形模具内（面坯整形→P265），放入冰箱内冷藏30分钟（图15）。

⑧　圆形模具内侧放上合适的铝制杯子，再装入重石。放入170℃烤箱内烤11分钟（图16）。

⑨　出炉后，取下重石、铝制杯子，室温下冷却。

开心果风味的杏仁奶油
①　用装好搅拌棒的搅拌机将黄油搅打成发蜡状。加入细砂糖，低速搅拌。

②　加入杏仁粉，低速搅拌至看不见干粉（图17）。将搅匀的全蛋液分5～6次加入，每加入一次都需要充分搅拌均匀（图18）。中途暂停机器，清理沾在盆壁和搅拌棒上的面糊。

*为了充分乳化，鸡蛋需提前放置于室温下，少量多次加入，以免出现分离。

*用低速搅拌混合。不需要高速搅拌至面糊内充满大量空气，用低速搅拌让面糊内充满少量空气即可。

③　加入布丁粉，低速搅拌（图19），搅拌至没有干粉后，放入平盘内，稍微抹平（图20）。裹上保鲜膜，放入冰箱内冷藏一晚上。

④　翌日，取少量③放入碗内，再加入两种开心果酱，用硅胶铲搅拌均匀（图21）。

*开心果酱容易结块，一点一点充分搅拌。

⑤　再加入剩下的③，排出多余的空气，搅拌至光滑（图22）。

组合1
①　将开心果风味的杏仁奶油装入口径17mm的圆形裱花嘴的裱花袋内，在每份挞皮上挤入15g。

②　再依次放上3颗冷冻的樱桃（图23），放入170℃烤箱内烤10分钟（图24）。

*烤制过程中需要注意上色情况，有必要的话可以脱模后再烤或者移至烤箱上层烤，具体可根据实际情况调整。

③　脱模，在室温下冷却。

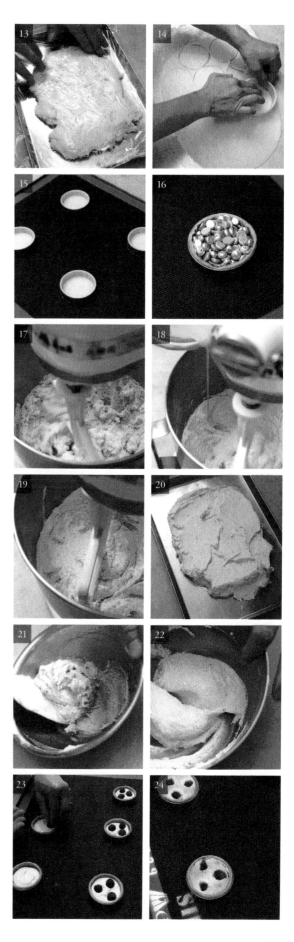

开心果巴伐利亚蛋糕

① 铜锅内放入牛奶、香草籽和香草荚，开火加热至沸腾。

② 同时，碗内放入蛋黄、细砂糖，用打蛋器搅打至细砂糖溶化（图25）。

③ 在另一只碗内加入开心果酱，加入一点儿①，用硅胶铲搅拌均匀。然后再加入少量的①，继续搅拌均匀。重复4~5次（图26）。

④ 将③倒入①的锅内，用打蛋器搅拌，大火加热至沸腾（图27）。

*开心果酱容易结块，加热时需不断搅拌，注意也不要沸腾太久。

⑤ 往②内加入1/3量的④，用打蛋器充分搅拌。然后倒回④的铜锅内（图28），开中火加热，用硅胶铲不停搅拌，加热至82℃（图29）。

*这是英式奶油的制作要领，为了达到浓厚的效果，要像制作卡仕达奶油酱那样，加热时用打蛋器充分搅拌。

⑥ 水分基本蒸发完后，关火。加入吉利丁片，搅拌至溶化（图30）。用滤网过筛。

⑦ 倒入容量较深的容器内，用搅拌棒搅拌至有光泽、光滑细腻的状态（图31）。

⑧ 再移至碗内，碗底浸入冰水，冷却至30℃。

⑨ 加入6分发的鲜奶油，用打蛋器搅拌。稍微搅拌几下，再换成用硅胶铲沿着碗底翻拌（图32）。再倒回盛鲜奶油的碗内，用硅胶铲搅拌至光滑（图33）。

*开心果风味的英式奶油质地较厚重，很难与质地轻盈的鲜奶油混合均匀。为了避免搅拌不均匀，可以倒回盛奶油的碗，再充分搅拌均匀。

⑩ 倒入装好口径10mm的裱花嘴的裱花袋内，往直径6.5cm的萨瓦林模具内每个挤入30g（图34）。连同烤盘一并端起轻轻往操作台上磕几下，摊平面糊，放入急速冷冻机内冷冻。

⑪ 将⑩反扣到已提前放在冰箱内冷藏过的烤盘上，迅速脱模（图35）。盖上盖子，放入急速冷冻机内冷冻。

*为了避免表面结霜或者失去光泽，需迅速脱模后，盖上盖子。

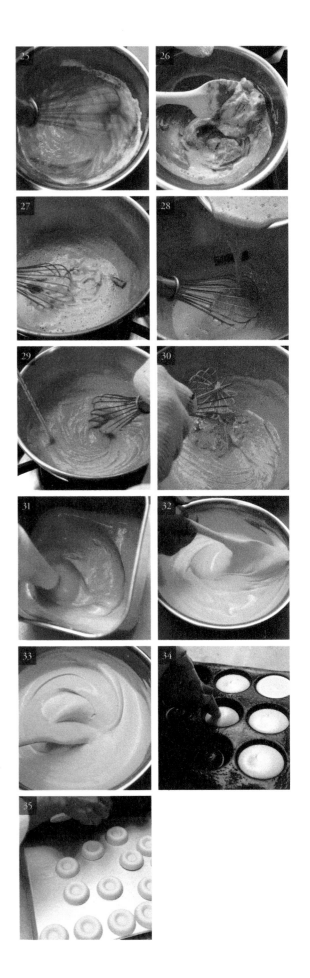

糖衣开心果

① 将开心果摊放在烤盘上，放入110℃的烤箱内烤30分钟，不要烤上色，稍微烤制即可。

② 铜锅内放入水和细砂糖，用大火加热至118℃。关火，加入①，用木铲搅拌至整体糖化（图36）。用筛子筛掉多余的糖分。用手指掰开结块的开心果（图37）。

*为了突出开心果的绿色，可以适当剥去沾在表面的糖分。

③ 摊放到铺好烘焙用纸的烤盘上，放入120℃的烤箱内烤30分钟。直接放在烤箱内用余温干燥一个晚上。然后连同干燥剂一并放入密封容器内保存。

*低温烘烤可以保留开心果的绿色。

开心果酥

① 调温巧克力隔热水熔化，加热至40℃左右。

② 碗内放入杏仁焦糖酱和开心果焦糖酱，再加入①，用硅胶铲搅拌均匀。

③ 加入约40℃熔化的黄油，搅拌均匀（图38）。再加入千层酥，快速搅拌均匀（图39）。

*这种状态可直接冷冻保存。使用时需提前解冻。

组合2

① 将<组合1>挞基摆放在操作台上，用手指轻轻按压杏仁奶油的边缘，让凸起的部分变平整（图40）。用毛刷轻轻拍打着刷上少量的樱桃酒糖浆，沾湿杏仁奶油表面即可。

*如果蛋糕层浸入太多糖浆，会影响口感。

② 每个挞放上8g的开心果酥，用刮刀轻轻按压抹平。

③ 在中央放上15g黑樱桃果酱，边缘留出1mm的空隙，抹平（图41）。

*如果抹到蛋糕层边缘，黑樱桃果酱的颜色会渗透到接下来要放上去的巴伐利亚奶冻上。

④ 将冷冻的开心果巴伐利亚奶冻摆放到平盘上。加热开心果绿色喷砂，用喷砂枪均匀喷满巴伐利亚奶冻（图42），放入急速冷冻机内冷藏凝固。

⑤ 将④放到③上，按压中央的凹槽，使其牢牢粘合（图43）。放入冰箱内解冻。

装饰

① 将樱桃酒风味的尚蒂伊鲜奶油充分打发，装入已装好8齿10号的锯齿裱花嘴的裱花袋内。在巴伐利亚奶冻的凹槽处挤上两圈，挤成花形（图44）。

② 奶油即将挤完时，裱花嘴需朝后方断开。将糖浆浸渍的樱桃纵向对切开，装饰到奶油上。再装饰上5粒糖衣开心果（图45）。

因为上面是巴伐利亚奶冻和尚蒂伊鲜奶油，水分含量较高，因此底下的挞基必须充分烤干。相比传统的挞类甜品，这款甜品构造较复杂，最需要考虑的就是均衡。开心果浓郁的味道搭配强烈的酸味，口感更有冲击力。

A *rlequin* 小丑

因为外形很像小丑的帽子而得名。这款甜点凝聚了我在法国受到的所有冲击：挞类是一种需冷藏保存的小蛋糕、加入千层酥口感更丰富、原本只是增添光泽度的淋面竟然也如此美味……最让我震惊的是，鲜奶油煮沸与巧克力混合均匀后放入冰箱内冷藏一个晚上，这完全是制作尚蒂伊鲜奶油的手法。刚开始我半信半疑："煮沸的鲜奶油还能打发吗？"实际操作时才发现不但可以充分打发，定型效果更佳，也不会塌陷，实在太赞了。最关键的是味道很好。加入巧克力后，既不是甘纳许也不是尚蒂伊鲜奶油，而是介于二者之间的一种独特的味道和口感，我认为这是时代进步的一大新兴产物。回国后，我立刻制作了"小丑"，焦糖风味的巧克力尚蒂伊鲜奶油搭配口感细腻味道醇厚的煎香蕉，加入少量巧克力奶油起到粘合作用。尽享无比和谐的美味。

自上至下
· 牛奶巧克力屑
· 焦糖淋面
· 焦糖风味的巧克力尚蒂伊鲜奶油
· 煎香蕉
· 香蕉风味的巧克力奶油
· 杏仁酥
· 巧克力挞皮

材料 （直径6.5cm、高1.7cm的圆形模具13个份）

焦糖风味的巧克力尚蒂伊鲜奶油

Crème Chantilly chocolat au caramel

（16个份。每份使用25g）

调温巧克力A*（牛奶巧克力、可可含
量40%） couverture au lait…87g

调温巧克力B*（黑巧克力、可可含量
70%） couverture noir…29g

可可酱 pâte de cacao…4g

细砂糖 sucre semoule…25g

鲜奶油（乳脂含量35%）

crème fraîche 35% MG…262g

盐花 fleur de sel…0.1g

*调温巧克力A使用的是VALRHONA JIVARA
LACTEE、调温巧克力B使用的是GUANAJA，二
者均来自法芙娜公司。

巧克力挞皮

Pâte sucrée au chocolat

（30个份。每份使用20g）

黄油 beurre…178g

糖粉 sucre glace…72g

杏仁粉 amandes en poudre…72g

全蛋 oeufs entiers…62g

低筋面粉 farine ordinaire…286g

可可粉 cacao en poudre…26g

泡打粉 levure chimique…3g

煎香蕉 Bananes sautées

（直径5cm高3cm的玛芬模具28个份。
每份使用12g）

香蕉* bananes…240g

黄油 beurre…20g

粗红糖 cassonade…20g

肉桂粉 cannelles en poudre…0.6g

肉豆蔻粉 muscade en poudre…0.5g

丁香粉 clou de girofle en poudre…0.2g

朗姆酒渍葡萄干 raisins de rhum…18g

朗姆酒 rhum…13g

*香蕉选用熟透的。

香蕉风味的巧克力奶油

Crème chocolat aux banane

（直径5cm高3cm的玛芬模具54个份。
每份使用12g）

调温巧克力A*（牛奶巧克力、可可含量
40%） couverture au lait…168g

调温巧克力B*（黑巧克力、可可含量
70%） couverture noir…44g

牛奶 lait…44g

鲜奶油（乳脂含量35%）

crème fraîche 35% MG…88g

转化糖 trimoline…32g

蛋黄 jaunes d'oeufs…57g

香蕉泥 purée de bananes…220g

*调温巧克力A使用的是VALRHONA JIVARA
LACTEE、调温巧克力B使用的是GUANAJA，二者
均来自法芙娜公司。

杏仁酥 Fond de roché

（13个份。每份使用15g）

调温巧克力*（黑巧克力、可可含量
70%） couverture noir…42g

杏仁焦糖酱 praliné d'amandes…60g

细砂糖 sucre semoule…20g

千层酥 feuillantine…48g

糖衣杏仁（P255）

craquelin aux amandes…36g

*调温巧克力使用的是法芙娜公司生产的GUANAJA。

焦糖淋面（P261）

glaçage au caramel…适量

牛奶巧克力屑（P252）

copeaux de chocolat au lait…适量

可可粉 cacao en poudre…适量

做法

焦糖风味的巧克力尚蒂伊鲜奶油

① 将两种调温巧克力和可可酱隔热水加热至2/3量熔化。

② 锅内放入1/4量的细砂糖，小火加热。用打蛋器搅拌至熔化
后，再分3次加入剩下的细砂糖，每加入一次都需要充分搅拌至
熔化。

③ 同时将鲜奶油加热至即将沸腾。关火，加入盐花，用硅胶
铲搅拌熔化。

④ 开大火加热②的焦糖，不停搅拌至上色，一直加热至不冒
泡、冒黑烟为止，充分焦化（焦糖酱/图1）。关火，趁热加入③
内，用打蛋器充分搅拌（图2）。再开中火加热至稍微沸腾。

⑤ 称出141g④，加入①（图3）。用打蛋器从中央搅拌，渐渐
搅拌到四周，最后整体搅拌均匀。会暂时出现分离状态。

*先将一半的奶油和巧克力充分乳化，做成甘纳许的基底。这样分两步
加入鲜奶油，可以乳化得更彻底。

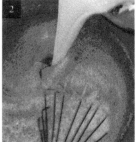

⑥ 倒入容量较深的容器内，用搅拌棒搅拌至产生光泽、丝滑的乳化状态（图4）。

⑦ 剩下的④称出141g加入⑥内，用打蛋器搅拌，再用搅拌棒进一步搅拌成有流动性、富有光泽的乳化状态（图5）。

⑧ 再次倒入碗内，用打蛋器搅拌均匀（图6）。

*这时加入的鲜奶油起到打发的作用。注意如果这时用搅拌棒搅拌，会影响打发效果，导致质感过于厚重。

⑨ 移至碗内，冷却后盖上盖子，放入冰箱内冷藏一个晚上。

巧克力挞皮

① 按照P76<巧克力挞皮>①~④制作面坯。放入冰箱内冷藏一个晚上。

② 用手轻轻揉面坯，揉至光滑后整成四方形。再旋转90°用压面机压成厚2.75mm的面坯。

③ 放在烤盘上，用大一圈的圆形模具（直径8.5cm）压成圆饼。放入冰箱内冷藏15分钟左右。

④ 放入直径6.5cm、高1.7cm的圆形模具内（面坯整形→P265/图7），放入冰箱内冷藏30分钟。

⑤ 摆放到铺好网状不沾布的烤盘上，圆形模具内侧放上合适的铝制杯子，再装入重石（图8）。放入170℃烤箱内烤14分钟。

⑥ 室温下放置10分钟左右，稍微冷却后，取下重石、铝制杯子（图9）。再放入170℃烤箱内烤5分钟，直接室温下冷却。

煎香蕉

① 香蕉去皮，切成5mm厚的圆片。

② 铜锅内放入黄油，开中火加热至熔化。加入粗红糖、肉桂粉、肉豆蔻粉、丁香粉（图10），加入①，搅拌均匀后，用大火加热，不要煮碎香蕉。

③ 煮到香蕉表面黏稠，融入酱汁时，加入蘸干汁液的朗姆酒渍葡萄干和朗姆酒，搅拌均匀（图11）。

④ 待香蕉彻底煮透后，用笊篱捞出香蕉，让香蕉与酱汁分离（图12）。

*将笊篱放在碗上，端起碗往操作台上轻轻碰几下，彻底沥干酱汁。

⑤ 稍微碾碎香蕉，往直径5cm、高3cm的玛芬模具内每个加入12g。用勺子背抹平，放入急速冷冻机内冷冻。

香蕉风味的巧克力奶油

① 将两种调温巧克力隔热水加热至2/3量熔化。

② 铜锅内放入牛奶、鲜奶油和转化糖，开中火加热，用铲子搅拌熔化，加热至沸腾。

③ 将蛋黄搅打均匀。加入1/3量的②，用打蛋器充分搅拌。再倒回②的锅内，开小火，用铲子搅拌加热至82℃（英式奶油/图13）。

*容易焦糊，要用小火加热。

④ 将③过滤到①内（图14），用打蛋器搅拌均匀。倒入容量较深的容器内，用搅拌棒搅拌至产生光泽、丝滑的乳化状态（图15）。

⑤　加入香蕉泥，用打蛋器稍微搅拌，再用搅拌棒进一步搅拌乳化（图16）。

*已经搅拌至富有光泽丝滑的状态，加入香蕉泥后质感稍微有些粗糙。

⑥　倒入装好口径7mm的圆形裱花嘴的裱花袋内，往<煎香蕉>⑥的玛芬模具内每个挤入12g（图17）。放入急速冷冻机内冷冻。

杏仁酥

①　调温巧克力隔热水加热至熔化，调整到40℃。

②　将①加入杏仁焦糖酱内，用硅胶铲搅拌光滑。加入细砂糖，再继续搅拌（图18）。

*细砂糖不需要搅拌至彻底熔化，这样可以增加沙沙的口感。

③　加入千层酥和糖衣杏仁，用硅胶铲沿着碗底翻拌均匀（图19）。

*这种状态下可直接冷冻保存。使用时需提前解冻。

组合

①　在巧克力挞皮内侧喷上可可脂（分量外）（图20）。

*可可脂可防湿气。因为挞皮内不加水分含量较高的面糊和奶油，这种程度的涂层足够了。

②　每个加入15g的杏仁酥。用刮刀按压紧实，整理出凹槽（图21）。

③　将焦糖风味的巧克力尚蒂伊鲜奶油碗底浸入冰水内，用硅胶铲搅拌至尖角直立（图22）。往②内每个加入25g，用刮刀整理出凹槽。

④　将冷冻的<香蕉风味的巧克力奶油>脱模。煎香蕉的一面朝上放到③上，用手轻轻按压（图23）。

⑤　用刮刀一点点抹上巧克力尚蒂伊鲜奶油，用量稍多一些。再用刮刀斜往下抹，整理成圆锥形（图24）。放入急速冷冻机内冷冻。

*用刮刀轻轻抹，这样不会损伤造型。

装饰

①　将加热的焦糖淋面放入容量较深的容器内。手拿着挞皮部分，将圆锥部分浸入淋面中。轻轻摇晃，抖掉多余的淋面（图25），再借助容器边缘抹去多余的淋面。

*抖落淋面时一定要小心，不要让淋面沾到挞皮外侧。

②　放到纸托上，用刮刀将淋面的顶尖稍微削去一小块，抹平。

*这样之后放上巧克力屑就不会滑落了。

③　往巧克力屑上筛上可可粉。放到②上（图26）。

焦糖风味的巧克力尚蒂伊鲜奶油如果过度打发会影响起丝滑的口感，但是也要考虑到往挞皮上涂抹时需要充分打发才能持久定型。因此，最佳打发程度很难把控，这也会影响甜品的最终味道。

Vacherin exotique
热带水果奶油杯

20世纪90年代中期，菲利普·孔蒂奇尼（Philippe Conticini）发布了用玻璃杯装甜点的创意，随后整个甜点界掀起了玻璃杯甜点的狂潮。后来玻璃杯甜点不断进化，不再是单纯将甜点装入玻璃杯，而是制作出分层美观可以随身携带的甜点。或许这也是Pierre Hermé发扬光大的吧。我自认为并不擅长制作玻璃杯甜点，但是玻璃杯甜点与普通蛋糕不同的是完全不需要考虑蛋糕的成型，这一点很赞。如果能充分发挥玻璃杯甜点的长处，今后还会有更广阔的发展空间。"热带水果奶油杯"是我比较擅长制作的一款散发着夏日气息的玻璃杯甜点。尽量控制吉利丁片用量的奶油和慕斯、汤汁浓稠的炒菠萝、各种水果酱等原本无法独自成型的原料可以层层叠放，变得如此美观。做法和口感与普通甜点的感觉很像。百香果奶油不要过度加热，质地丝滑更能突出新鲜水果的味道。

从上至下
· 椰子蛋白糖霜
· 椰子尚蒂伊鲜奶油
· 椰子慕斯
· 热带水果
· 百香果奶油
· 炒菠萝

材料（口径5.5cm、高7cm的玻璃杯20个份）

椰子蛋白糖霜

Meringue à la noix de coco

（直径6cm的花形40个份）

蛋白*　blancs d'oeufs…60g

细砂糖　sucre semoule…60g

糖粉　sucre glace…60g

椰奶粉　lait de coco en poudre…18g

糖粉　sucre glace…适量

*蛋白提前冷藏备用。

炒菠萝　Ananas rôtis

（每份使用果肉20g、果汁6g）

菠萝（净重）　ananas…732g

粗红糖　cassonade…176g

香草荚　gousse de vanille…1根

百香果奶油

Crème fruit de la Passion

（每份使用20g）

百香果酱

purée de fruit de la passion…216g

蛋黄　jaunes d'oeufs…64g

全蛋　oeufs entiers…40g

细砂糖　sucre semoule…70g

吉利丁片　gélatine en feuilles…2.2g

黄油　beurre…80g

热带水果

Fruits exotiques

（每份使用30g）

芒果　mangues…266g

荔枝　litchis…178g

百香果酱（带籽）

purée de fruit de la passion…74g

芒果酱　purée de mangues…74g

柠檬汁　jus de citron…10g

细砂糖　sucre semoule…30g

酸橙皮（削成粗丝）

zestes de citron vert…1个份

椰子慕斯　Mousse à la noix de coco

（每份使用30g）

细砂糖　sucre semoule…110g

水　eau…32g

蛋白*　blancs d'oeufs…56g

椰子酱　purée de noix de coco…180g

牛奶　lait…60g

椰子利口酒　liqueur de noix de coco…32g

吉利丁片　gélatine en feuilles…8g

鲜奶油（乳脂含量35%）

crème fraîche 35% MG…200g

*蛋白提前冷藏备用。

*椰子酱、牛奶、椰子利口酒提前放置于室温下。

椰子尚蒂伊鲜奶油

Crème Chantilly à la noix de coco

（每份使用15g）

鲜奶油（乳脂含量35%）

crème fraîche 35% MG…260g

椰子糖浆*　sirop à la noix de coco…40g

*椰子糖浆使用的是MONIN。

酸橙皮　zestes de citron vert…适量

柠檬皮　zestes de citron…适量

做法

椰子蛋白糖霜

① 用搅拌机高速打发蛋白。分别在搅打至五分发、七分发、九分发时依次加入1/3量的细砂糖，充分搅打至蛋白有尖角，做成富有光泽、坚挺的蛋白霜（图1）。

*打发程度请参照P77<椰子蛋白糖霜>①。相比蛋白，细砂糖的用量较多，比制作普通蛋白糖霜时加入砂糖的时间要晚一点，这样有利于充分打发。

② 将糖粉与椰奶粉加入①内，断断续续地搅拌（图2）。取下搅拌盆，继续用硅胶铲搅拌至看不到糖粉（图3）。

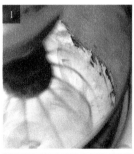
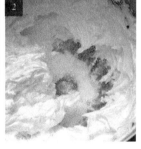
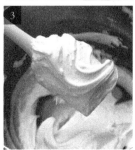

③ 将②装入装有口径6mm的裱花嘴的裱花袋内。从外侧外中心挤出12片水滴状（花瓣）。最后，在中央挤上一个圆，最终形成一朵圆形的花（图4·图5）。

*将画有直径5.5cm圆圈的纸铺在烤盘上，再铺上烘焙用纸。沿着圆圈挤出花形。完成后，取出纸张。

④ 筛上糖粉，放入100℃的燃气烤箱内烤1小时。关火，直接放在烤箱内干燥一个晚上（图6）。连同干燥剂一并放入密封容器内保存。

炒菠萝

① 菠萝去皮，刀斜切取出菠萝眼，去芯后切成5～6mm的小丁（图7）。

② 铜锅内放入一半的粗红糖，开中火加热。当四周的红糖开始熔化时，加入剩下的粗红糖，用木铲搅拌至全部熔化。

*注意粗红糖非常容易焦糊。

③ 加热到开始冒烟时，加入①和香草荚籽和豆荚，用木铲搅拌。这时粗红糖会遇冷凝固，继续搅拌加热（图8）。

④ 利用菠萝煮出的汁水溶化粗红糖，沸腾后煮1分钟左右，倒入碗内（图9）。裹上保鲜膜，室温下放置30分钟。

*用保鲜膜密封可以让糖浆渗入菠萝果肉。

⑤ 过滤，将菠萝果肉和糖浆分离。往每个玻璃瓶内放入20g果肉，再用漏斗分别注入6g糖浆（图10）。用勺子压平后，放入急速冷冻机内冷冻。

百香果奶油

① 铜锅内放入百香果酱，大火煮沸。

② 同时，将蛋黄、全蛋内和细砂糖用打蛋器充分搅拌均匀。

③ 把1/3量的①加入②，用打蛋器搅拌。再倒回铜锅内，开中火，不停搅拌加热至咕嘟咕嘟沸腾（图11）。

④ 关火，加入吉利丁片，搅拌至溶化。倒入碗内，碗底浸入冰水中，用硅胶铲搅拌冷却至约40℃（图12）。

⑤ 倒入容量深的容器内，加入发蜡状的黄油，大致搅拌（图13）。再用搅拌棒搅拌成富有光泽丝滑的乳化状态（图14）。

⑥ 不用裱花嘴，直接装入裱花袋内，往<炒菠萝>⑤的玻璃瓶内每个挤入20g。放入急速冷冻机内冷冻（图15）。

热带水果

① 芒果去皮去核，切成1cm的小丁。酸橙去皮，果肉纵向对切成两半，再切成4～5等分的月牙形。

② 百香果、芒果酱、柠檬汁混合均匀。

③ 将①和②、细砂糖和酸橙皮放入碗内（图16），用硅胶铲搅拌均匀。

④ 往<百香果奶油>⑥冷冻的玻璃瓶内分别倒入30g。放入急速冷冻机内冷冻（图17）。

椰子慕斯

① 铜锅内放入细砂糖和水，开大火加热。

② 待①加热到约95℃时，开始用搅拌机高速搅打蛋白，搅打到8分发。

③ 把①加热到118℃后，关火，将锅底浸入水内。倒入②内（图18），继续高速充分打发，然后再改成中低速搅打，温度冷却至约40℃时，移入平盘内，放入冰箱内冷却至与室温一致，再放入碗中。

*如果搅拌至彻底冷却，就变成了质地厚重的蛋白糖霜了。最好是蓬松轻盈状态时使用，所以无需搅拌直接放入冰箱内冷藏。

④ 往椰子酱内加入牛奶和椰子利口酒，充分搅拌均匀。

⑤ 在溶化的吉利丁片加入少量④，充分搅拌。同样的操作重复一次，再倒回④内，搅拌均匀。碗底浸入冰水内，搅拌冷却至26℃（图19）。

⑥ 将鲜奶油搅打至7分打发，取1/4量加入⑤内，用打蛋器充分搅拌。然后倒回剩余的奶油内，继续搅拌均匀（图20）。

⑦ 取1/3的⑥加入③的蛋白霜内，用打蛋器沿着碗底往上翻拌，轻轻敲打碗壁，大致搅拌均匀（图21）。

⑧ 往⑦内缓缓加入剩下的2/3量的⑥，充分搅拌（图22）。改用硅胶铲，搅拌均匀。

*差不多搅拌均匀后，即可停手。

⑨ 将⑧倒入装有口径14mm的圆形裱花嘴的裱花袋内，往每个玻璃瓶的热带水果上挤入30g。瓶底在抹布上轻轻叩击，摊平。放入急速冷冻机内冷冻（图23）。

椰子尚蒂伊鲜奶油

① 充分打发鲜奶油和椰子糖浆（图24）。

② 用刮刀将①塞满<椰子慕斯>⑨的玻璃瓶，瓶口奶油抹平后，再多抹上一些①，用刮刀斜着往下抹成圆锥形（图25）。放入急速冷冻机内冷冻。

装饰

① 将花形椰子蛋白糖霜反扣到平盘上，喷上一层可可脂（分量外）。斜着摆放在椰子尚蒂伊鲜奶油上。

② 依次用擦丝器擦碎柠檬皮和酸橙皮（图26）。

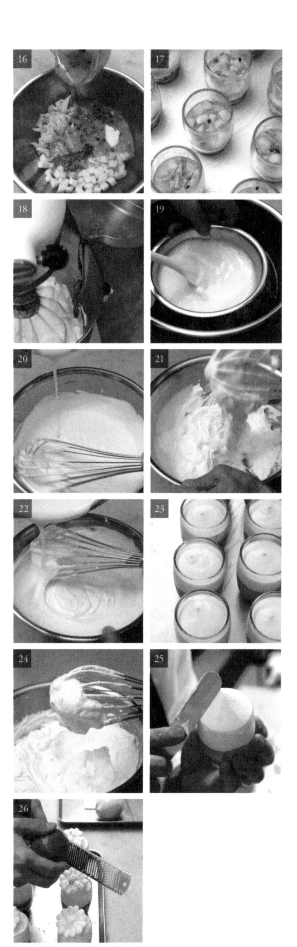

B *ois rouge*

红松木

在法国，看到甜点秉承传统的同时不断推陈出新，这让我更加笃信自己制作甜点的基础。有一天我突然想起去法国之前遇到的一款甜点，现在忆起也会感叹"那款甜点真的很好吃"。其中最难忘的就是加入大量蛋白糖霜做成的口感轻盈的慕斯。上世纪七十年代后半期开始出现新派法国菜（Nouvelle Cuisine），与此同时慕斯也迎来了全盛期。我甚至认为慕斯是这世界上最好吃的东西。对我来说，慕斯的出现着实是个冲击。而今天介绍的这款"红松木"就诞生于这段美好的回忆中。主角是我小时候在辻静雄先生的书上看到、颇具视觉冲击力的醋栗。质地轻盈、味道醇厚且散发着果实味道的慕斯，搭配用果酱调味的蛋白糖霜。吸满了果实糖浆的久贡地味道浓醇。正因为接触到新事物之后才懂得旧事物的好。搭配可能比较传统，但是简单的味道与美感一直是我不断追求的，至今仍让我心动不已。

从上至下
·黑加仑、醋栗
·黑加仑蛋白糖霜
·黑加仑慕斯
·黑加仑糖浆
·杏仁热那亚海绵蛋糕
·黑加仑糖浆奶油
·久贡地

材料（直径5.5cm、高4cm的圆形模具50个份）

久贡地　Biscuit Joconde

（60cm×40cm的烤盘2个份）

全蛋　oeufs entiers…330g
转化糖　trimoline…19g
杏仁粉　amandes en poudre…246g
糖粉　sucre glace…198g
低筋面粉　farine ordinaire…67g
蛋白*　blancs d'oeufs…216g
细砂糖　sucre semoule…33g
熔化的黄油　beurre fondu…49g

*蛋白提前冷藏备用。

杏仁热那亚海绵蛋糕

Genoise aux amandes

*请参照P27<杏仁热那亚海绵蛋糕>的制作方法，
面糊倒入60cm×40cm的烤盘内烤制。

黑加仑糖浆　Sirop à imbiber cassis

原味糖浆（P250）　base de sirop…190g
黑加仑果酱　purée de cassis…200g
石榴糖浆　grenadine…28g

*所有材料混合均匀。

黑加仑酒糖浆

Sirop à imbiber crème de casis

原味糖浆（P250）　base de sirop…64g
水　eau…20g
黑加仑利口酒　crème de cassis…53g

*所有材料混合均匀。

黑加仑慕斯　Mousse aux cassis

鲜奶油（乳脂含量35%）

crème fraîche 35% MG…640g
黑加仑果酱A　purée de cassis…350g
香草荚　gousse de vanille…1/2根
蛋黄　jaunes d'oeufs…174g
细砂糖A　sucre semoule…87g
吉利丁片　gélatine en feuilles…20g
细砂糖B　sucre semoule…52g
水　eau…13g
蛋白*　blancs d'oeufs…26g
黑加仑果酱B　purée de cassis…232g
黑加仑利口酒　crème de cassis…174g

*蛋白提前冷藏备用。

黑加仑蛋白糖霜

Meringue cassis

（容易制作的量）

黑加仑果酱　purée de cassis…60g
水　eau…28g
细砂糖　sucre semoule…160g
蛋白*　blancs d'oeufs…120g

*蛋白提前冷藏备用。

黑加仑（冷冻）　cassis…适量
醋栗　groseilles…适量
镜面果胶　nappage neutre…适量

做法

久贡地
① 将打散的全蛋与转化糖隔热水加热至40℃。
② 倒入搅拌盆内，加入杏仁粉、糖粉、低筋面粉（图1）。用装有搅拌棒的搅拌机低速大致搅拌，然后改用高速搅拌至蓬松的打发状态。再按照中速→低速的顺序继续搅拌。最后，倒入碗内。
③ 将蛋白与细砂糖用搅拌机高速打发至尖角直立。
*砂糖用量较少，打发时间略长。
④ 把③一点点加入②内，每加入一次都需用硅胶铲搅拌均匀（图2）。加入约60℃熔化的黄油，迅速搅拌均匀，且产生光泽（图3）。
⑤ 将57cm×37cm×高5mm的框架放到硅胶垫上，倒入④，抹平。取下模具，连同硅胶垫一并放到烤盘上。
⑥ 放入200℃的烤箱内烤6分钟。连同硅胶垫一并放在冷却网上，室温下冷却（图4）。

组合1

① 切去久贡地的四条边，分切成16.8cm×4cm大小。

② 烤上色的一面朝下，刷上一层黑加仑糖浆，打湿表面即可（图5）。此面朝下放置到裁剪成18cm×4cm的透明薄膜上。

③ 然后放入直径5.5cm高4cm的圆形模具内，薄膜紧紧贴住模具内壁。再往久贡地的断面处轻轻刷上一层黑加仑糖浆（图6）。

④ 去掉杏仁热那亚海绵蛋糕底面的烘焙用纸，并用锯齿刀削去底面薄薄一层。用直径4.5cm的圆形模具压成圆饼（图7）。

⑤ 借助高1cm的金属板，用锯齿刀削去烤上色的一面。

*压成圆饼后再削去烤上色的一面，这样更容易保证厚度一致。

⑥ 将其中一面浸泡到黑加仑酒糖浆内（图8），此面朝上放置到③的底部，用手指轻轻按压。

黑加仑慕斯

① 铜锅内放入黑加仑果酱A、香草籽和豆荚，用打蛋器搅拌煮沸。

② 同时，碗内放入蛋黄和细砂糖A，用打蛋器搅拌均匀。

③ 往②内加入1/3的①，充分搅拌。然后再倒回①内，搅拌加热至82℃（图9）。

*因为很稠，很难判断出浓度，最好借助温度计确认。

④ 关火，加入溶化的吉利丁片，搅拌均匀。用硅胶铲按压，充分过滤黑加仑果酱。放置于室温下。

⑤ 锅内放入细砂糖B与水，开大火加热至118℃。

⑥ ⑤加热到90℃时，开始用搅拌机高速搅打蛋白，充分打发。

⑦ 将⑤的锅底浸入水内，然后再倒入⑥内。搅拌至蓬松后，改成中低速搅拌，冷却至约40℃（图10）。然后放入冰箱内冷却至与室温一致（图11），移入碗内。

*如果搅拌至彻底冷却，就变成了质地厚重的蛋白糖霜了。最好是蓬松轻盈状态时使用，所以无需搅拌冷却至40℃后放入冰箱内冷藏。

⑧ 往④内加入黑加仑果酱B和黑加仑利口酒，用硅胶铲搅拌均匀。碗底嵌入冰水内冷却至约26℃.

⑨ 将鲜奶油搅打至8分发，一点点加入⑧，用打蛋器充分搅拌（图12）。搅拌均匀后取约1/4量加入到⑦的蛋白糖霜内，用打蛋器搅拌（图13）。

*搅拌开蛋白糖霜，同时注意不要消泡。

⑩ 加入剩下的⑧，搅拌均匀（图14）。改用硅胶铲沿着盆底翻拌均匀。

⑪ 将⑩倒入装有口径14mm的圆形裱花嘴的裱花袋内，挤满<组合1>的圆形模具。放入急速冷冻机内冷冻（图15）。

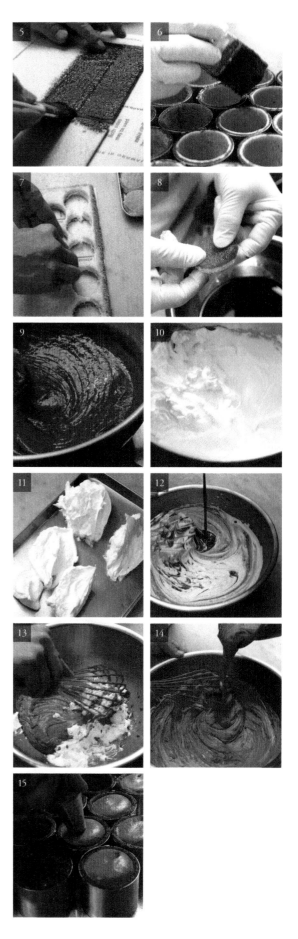

黑加仑蛋白糖霜

① 铜锅内放入黑加仑果酱和水，搅拌均匀后，再放入细砂糖，开大火加热至118℃。

② 当①加热到95℃时，开始用搅拌机高速搅打蛋白至8分发。

③ 将①的锅底浸入冰水内。然后再倒入②内，高速搅打至蓬松。改成中速继续搅打，冷却至与人体温相仿（图16）。

④ 用手暖一下<组合1>冷冻过的圆形模具，将甜品脱模。撕下薄膜，摆放到铺好网状不沾布的烤盘上。

⑤ 将③倒入装好8齿·8号锯齿裱花嘴的裱花袋内，在④的上面并排挤出两个贝壳状。筛上糖粉。

⑥ 放入200℃的烤箱内烤2分钟，让蛋白糖霜轻微上色（图17）。

*烤箱的风是从里往外吹的，蛋白霜的尾部朝外放入烤箱内。

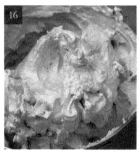

装饰

① 将甜品放到纸托上，用刀尖在蛋白霜的表面削下3处，再装饰上已经包裹上镜面果胶的黑加仑和醋栗（图18）。

要想慕斯口感轻盈，最关键的就是不要过度搅拌。心中时刻牢记用要用最少的次数完成搅拌。往慕斯内加入意式蛋白霜时，如果用搅拌机搅拌冷却，容易消泡，可以稍微冷却后，再放入急速冷冻机内直接冷却。

Cuba 古巴

奶油慕斯是用加入黄油的卡仕达奶油酱打发而成的，味道浓醇质地轻盈。在法国进修时遇到较多的就是用这种奶油制作的甜点。最大的变化就是之前一直受追捧的口感轻盈的慕斯正在回归传统，因为这是一个寻求甜点味道与口感均浓郁的时代。香草风味、开心果风味等各种风味的奶油慕斯相继登场，让你可以亲身品尝它的美味。"古巴"中使用的奶油慕斯是我独创的全新风味，我加入了香蕉和橙子利口酒，奶油慕斯口感柔润还散发着水果的清香。夹在中间的香蕉需切得大一些，稍微炒制后再淋上朗姆酒火烧，让你可以大口享用这难得的美味。上下各夹了一层肉桂风味的饼坯，我可以很负责任地说这是 Paris S'éveille 最好吃的饼坯。混入经过烘烤再切碎的杏仁，香味更浓郁，口感也更酥脆。

从上至下
· 糖渍橙皮丝
· 肉桂风味的巧克力奶酥
· 奶油慕斯
· 肉桂风味的杏仁热那亚海绵蛋糕
· 奶油慕斯
· 煎香蕉
· 奶油慕斯
· 肉桂风味的杏仁热那亚海绵蛋糕

古巴 　　　　　　　　　　　　　　　　　　　　　　　　　　Cuba

材料 （37cm×11cm、高5cm的模具1个份）

肉桂风味的杏仁热那亚海绵蛋糕

Genoise aux amandes à la cannelle

（60cm×40cm的烤盘1个份）

全蛋　oeufs entiers…547g
细砂糖　sucre semoule…342g
高筋面粉　farine de gruau…120g
低筋面粉　farine ordinaire…120g
杏仁（带皮）*　amandes…100g
肉桂粉　cannelle en poudre…13g
熔化的黄油　beurre fondu…68g

*杏仁放入160℃的烤箱内烤15分钟。

朗姆酒糖浆　Sirop à imbiber rhum

原味糖浆（P250）　base de sirop…200g
朗姆酒（金朗姆）　rhum…70g

*所有材料混合均匀。

煎香蕉　Banane sautée

香蕉*　bananes…约7根
黄油　beurre…90g
细砂糖　sucre semoule…100g

*香蕉选用熟透的。

奶油慕斯

Crème mousseline

A ⌈ 牛奶　lait…220g
　│ 香草荚　gousse de vanille…1/3根
　│ 蛋黄　jaunes d'oeufs…66g
　│ 细砂糖　sucre semoule…44g
　│ 高筋面粉　farine de gruau…22g
　└ 黄油　beurre…11g
B ⌈ 细砂糖　sucre semoule…66g
　│ 水　eau…45g
　└ 蛋黄　jaunes d'oeufs…94g
黄油　beurre…290g
橙子酱　pâte d'orange…7g
柠檬汁　jus de citron…15g
香蕉利口酒*　crème de bananes…48g
橘味利口酒　cointreau…15g

*香蕉利口酒使用的是 Crème de Bananes。

肉桂风味的巧克力奶酥

Pâte à crumble chocolat à la cannelle

（容易制作的量）

细砂糖　sucre semoule…180g
黄油　beurre…180g
低筋面粉　farine ordinaire…180g
肉桂粉　cannelle en poudre…8g
泡打粉　levure chimique…2.5g
榛子*　noisette…228g
调温巧克力*（黑巧克力、可可含量70%）
couverture noir…78g

*榛子切碎，烤熟。

*调温巧克力用的是法芙娜公司生产的GUANAJA。

*除了调温巧克力，其他材料需提前放入冰箱内充分冷藏。

装饰用糖粉（P264）　sucre décor…适量
肉桂粉　cannelle en poudre…适量
糖渍橙皮丝（P263）
écorces d'orange julliennes confites…适量

做法

肉桂风味的杏仁热那亚海绵蛋糕

① 搅拌盆内放入全蛋和细砂糖，用打蛋器搅打，隔热水搅拌加热至约40℃。

② 移开热水，用搅拌机高速搅打至蓬松。调至中速搅打至泡沫细腻，再调至低速搅打（图1）。倒入碗内。

③ 高筋面粉、低筋面粉、用料理机粗磨过的杏仁、肉桂粉，混合均匀（图2）。然后快速倒入②内，用刮刀搅拌至产生黏性和光泽。

④ 舀一铲③加入到约60℃的黄油内，用打蛋器混合均匀。再倒回③内，用刮刀搅拌至产生光泽（图3）。

*搅拌至舀起呈缎带状滴落的状态。

⑤ 将④倒入铺好烘焙用纸的烤盘上（图4），用刮刀抹平。

⑥ 放入175℃的烤箱内烤17分钟左右。烤好后，连同烤盘放在室温下冷却（图5）。

煎香蕉

① 香蕉去皮，切去两端。然后切成四等分的柱状。

② 放入37cm×11cm、高5cm的长方形模具内，排成三列，确认分量（图6）。

*所需分量需摆满整个模具。

③ 平底锅内放入一小把细砂糖，摊开，开火加热。待周围开始熔化时，用手撒入剩下的细砂糖。

*细砂糖量较大，可以分成两份，步骤③~⑥可分两次完成。

④ 细砂糖上色变成焦糖酱状时，加入黄油，用木铲搅拌熔化（图7）。逐一放入香蕉段，晃动平底锅，滚动香蕉，开中火炒制（图8）。

*不要弄碎香蕉，动作要轻柔。

⑤ 待焦糖酱全部包裹到香蕉上，且香蕉表面开始变软时，开大火，加入朗姆酒，让酒精挥发（图9）。

*需要注意，如果香蕉炒透了，冷冻时要小心别弄碎。

⑥ 摆放到网状不沾布上，室温下冷却。

组合1

① 切去肉桂风味的杏仁热那亚海绵蛋糕的四个边，切成37cm×11cm的长方形。

*每份需使用2块（底面和上面）。

② 用于底面的杏仁热那亚海绵蛋糕需将烤上色的一面朝上放置。借助1.3cm的金属板削去烤上色的部分。

③ 用于上面的杏仁热那亚海绵蛋糕需削去底面薄薄的一层，再将烤上色的一面朝上放置。借助高1cm的金属板削去烤上色的部分（图10）。

④ 烤盘贴上透明塑料纸，再将37cm×11cm、高5cm的长方形模具放到烤盘上。将②烤上色的一面朝上放置到模具底部。用毛刷刷上朗姆酒糖浆，沾湿蛋糕（图11）。

奶油慕斯

① 请参照P248将材料A做成卡仕达奶油酱。加热至沸腾冒大气泡时，关火（图12）。移入平盘内，裹上保鲜膜放入急速冷冻机内快速冷却至4℃。

*用高筋面粉取代低筋面粉和玉米淀粉。

② 过筛，用硅胶铲搅拌至光滑细腻。黄油软化成发蜡状，加入一铲卡仕达奶油酱（图13），画圆式搅拌至乳化。

③ 用材料B制作炸弹面糊。锅内放入细砂糖和水，煮沸。

④ 蛋黄搅打均匀，一点点加入③，用打蛋器充分搅拌（图14）。

⑤ 过滤到搅拌盆内。隔水加热（用快沸腾的热水），用打蛋器搅拌加热至72～73℃（图15）。

*用打蛋器搅拌至大气泡消泡，整体黏稠，可看到打蛋器的痕迹。

⑥ 移开热水，用搅拌机高速搅拌至蓬松、泛白。改用中速继续搅打，最后改低速搅拌至黏稠（图16）。

*如果步骤⑤加热不充分，奶油就会很稀，水分大。

⑦ 用硅胶铲搅拌开橙子酱。一点点加入柠檬汁、香蕉利口酒、橙子利口酒，每一次都要充分搅拌均匀。

⑧ 往②内加入少量的⑦，用硅胶铲从中央画圆式充分搅拌至乳化（图17）。将剩下的⑦分5次加入，每加入一次都需要充分搅拌均匀。

*按照制作蛋黄酱的要领，每加入一次液体都需要充分乳化。但是，如果过度乳化的话口感会变差，因此不要用打蛋器，而用硅胶铲搅拌。

⑨ 然后将⑥分5次加入，每加入一次都需用硅胶铲充分搅拌至乳化（图18·图19）

*注意搅拌方法不对的话，会导致完全分离。

组合2

① 用厨房用纸包裹香蕉，自然吸干汁水。

② 将奶油慕斯倒入装有口径14mm的圆形裱花嘴的裱花袋内，直接挤入<组合1>的长方形模具内。先挤满模具四周，再挤中间，不要留缝隙（图20）。

③ 用刮刀抹平奶油，再往模具长边两侧挤上少许奶油。

④ 两边留出1.5cm，将①的香蕉不留缝隙地摆满3列（图21）。

⑤ 再将剩余的奶油挤到香蕉缝隙上，用刮刀抹平奶油，盖住香蕉。用手指清理干净沾到模具内侧的奶油。

⑥ 将用于上面的热那亚海绵蛋糕烤上色的一面朝上放置，用刷子轻轻刷上朗姆酒糖浆，沾湿表面即可（图22）。

⑦ 翻面，盖到⑤上，用手掌轻轻按压。放上一块平板，从上用力按压紧实。在海绵蛋糕上刷上朗姆酒糖浆，湿透蛋糕。

⑧ 表面涂上一层薄薄的奶油慕斯。用刮刀抹平，清理干净粘在模具上的奶油。放入冰箱内冷藏一个晚上，使其凝固。

肉桂风味的巧克力奶酥

① 调温巧克力隔水加热至熔化，温度调整至与体温相仿。

② 除调温巧克力，其他材料全部放入食物搅拌机内搅拌。然后，倒入①，中途可暂停机器，用硅胶铲清理干净沾在食物搅拌机内侧和搅拌棒上的面糊。断断续续地搅拌，充分搅拌至均匀（图23）。

③ 移入平盘内，迅速摊平。裹上保鲜膜，放入冰箱内冷藏凝固一个小时。

④ 用手揉成一团，用网眼为5mm的网筛过筛。平摊到网状不沾布上，放入冰箱内充分冷却（图24）。

⑤ 放入170℃的烤箱内烤6分钟。从烤箱内取出，用手掰开粘连的奶酥，再继续烤5分钟。放置于室温下冷却（图25）。

装饰

① 用燃烧器加热模具侧面，脱模。切掉四个边，分切成11cm×2.8cm的小块（图26）。

② 用手将肉桂风味的巧克力奶酥搓成豆粒大，洒满①的表面。筛上装饰用的糖粉。

③ 撒上少许肉桂粉，再用镊子装饰上糖渍橙皮丝（图27）。

这款奶油慕斯水分含量较高，特别容易出现水油分离的情况，导致难以乳化。搅拌不足或过度搅拌都会导致水油分离，因此要按照制作蛋黄酱的要领，用硅胶铲搅拌，使其慢慢乳化。如果乳化充分，放置较长时间也不会凝固，口感轻盈且入口即化。

Tarte pêche cassis
桃子黑加仑挞

我在巴黎工作时，发现原本存放于室温下的挞类进化成了装饰上巴伐利亚奶冻和奶油、需冷藏的小甜点。我琢磨着再往前进化一步就成了这款更水嫩、更新鲜的"桃子黑加仑挞"。上面摆放的是用来自山形县的小白桃做成的糖水桃子。桃子并不是放入糖浆中煮，而是将热糖浆淋到桃子表面，中间基本还是生的，这样做出的糖水桃子汁水丰富、新鲜无比。实际上，我自己非常喜欢糖水桃子，去餐厅用餐时经常点。但是很苦恼的是如果制作时过度加热就变得与市售罐头没什么两样。有一次我在一家餐厅吃到一份与新鲜桃子味道特别接近的糖水桃子，从那里我学会了只用热糖浆浸泡的做法。糖浆内加入味道浓醇的黑加仑果酱是为了浸渍到桃子的表面，这种恰到好处的浸渍也是成败的关键。一款只有店内举办沙龙时供应的、像甜点一样的挞。

从上至下
· 黑加仑风味的糖水桃子
· 杏仁脆饼
· 鲜奶油卡仕达
· 波特红葡萄酒和黑加仑果酱
· 杏仁酥
· 樱桃酒糖浆
· 黑加仑
· 杏仁奶油
· 挞皮

材料（直径6.5cm、高1.7cm的圆形模具16个份）

黑加仑风味的糖水桃子
Compote de pêches et de cassis

白桃　pêches blanche…8个
黑加仑果酱　purée de cassis…1125g
细砂糖　sucre semoule…507g
*白桃选用个头稍小的。

杏仁脆饼　Croquants aux amandes effilées
（容易制作的量）

蛋白　blancs d'oeufs…30g
杏仁片　amandes effilées…200g
糖粉　sucre glace…150g

挞皮　Pâte sucrée
（30个份。每个使用20g）

黄油　beurre…96g
糖粉　sucre glace…108g
杏仁粉　amandes en poudre…21g
全蛋　oeufs entiers…32g
低筋面粉　farine ordinaire…160g

杏仁奶油　Crème frangipane
（P250·每个使用15g）…240g

波特红葡萄酒和黑加仑果酱
Gelée de Port Ruby et de cassis

（直径5cm、高3cm的玛芬模具20个份。
每个使用15g）

波特红葡萄酒　Porto Ruby…214g
黑加仑果酱　purée de cassis…214g
细砂糖　sucre semoule…45g
吉利丁片　gélatine en feuilles…13.5g

樱桃酒糖浆　Sirop à imbiber kirsch
（30个份。每个使用5g）

原味糖浆（P250）　base de sirop…120g
樱桃酒　kirsch…42g
*所有材料混合均匀。

杏仁酥　Praliné croustillent d'amandes
（30个份。每个使用10g）

调温巧克力（牛奶巧克力、可可含量
　40%）　couverture au lait…44g
杏仁焦糖酱　praliné d'amandes…178g
熔化的黄油　beurre fondu…18g
千层酥　feuillantine…90g
*调温巧克力使用的是法芙娜公司生产的VALRHONA
JIVARA LACTEE。

鲜奶油卡仕达　Crème diplomate
（30个份。每个使用18g）

卡仕达奶油酱（P248）
crème pâtissière…375g
尚蒂伊鲜奶油（P248）
crème Chantilly…75g

黑加仑（冷冻）　cassis…90个
黄杏镜面（P258）
nappage d'abricot…适量
蜜饯黄杏　confiture d'abricot…适量
装饰用糖粉（P264）　sucre décor…适量
金箔　feuille d'or…适量

做法

黑加仑风味的糖水桃子
① 将白糖放入开水中浸泡1分钟，然后放入冰水中，剥皮
（图1）。
② 锅内放入黑加仑果酱和细砂糖，开火加热。用硅胶铲搅拌
至沸腾，注意不要焦糊。
③ 将①的白桃放入容量深的容器内，倒入②，浸泡白桃（图2）。
裹上保鲜膜，室温下冷却后，再放入冰箱内浸泡2天。
*浸泡完成日起3日内用完。

杏仁脆饼
① 用打蛋器将蛋白搅打至没有筋。加入杏仁片内，用硅胶铲
充分搅拌，让蛋白包裹到杏仁片上（图3）。
② 加入糖粉，用手快速搅拌（图4）。
③ 平铺到铺好网状不沾布的烤盘上，放入165℃的烤箱内烤
3～5分钟，轻微上色即可。取出，用三角刮刀铲下，再翻面混
合（图5）。

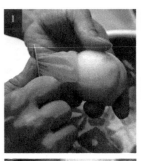

④ 平摊均匀再后放入烤箱内烤3分钟。取出，同样用三角刮刀铲下，混合。

⑤ 再放入烤箱内烤3分钟，烤至整体均匀上色（图6）。室温下冷却，连同干燥剂一并放入密封容器内保存。

挞皮

① 请参照P82"春天挞"的<挞皮>①～④制作。

② 用手轻轻揉面团，揉至光滑后整成四方形。再旋转90°用压面机压成厚2.75mm的面坯。

③ 放在烤盘上，用大一圈的圆形模具（直径8.5cm）压成圆饼（图7）。放入冰箱内冷藏30分钟左右，待面坯硬度恰好。

④ 放入圆形模具内（面坯整形→P265），放入冰箱内冷藏30分钟（图8）。

⑤ 摆放到铺好硅胶垫的烤盘上。圆形模具内侧放上合适的铝制杯子，再装入重石。放入170℃烤箱内烤11分钟（图9）。出炉后，取下重石、铝制杯子，于室温下冷却。

组合1

① 将杏仁奶油装入装有口径17mm的圆形裱花嘴的裱花袋内，往每个烤过的挞皮内挤入15g。

② 每个放入5颗冷冻的黑加仑（图10）。然后放入170℃烤箱内烤10分钟。

③ 脱模，室温下冷却（图11）。

波特红葡萄酒和黑加仑果酱

① 锅内放入波特红葡萄酒、黑加仑果酱和细砂糖，用铲子搅拌均匀。开中火，搅拌加热至约50℃。

② 关火，加入吉利丁片，搅拌至溶化（图12）。往直径5cm高3cm的每个玛芬模具内挤入15g。放入急速冷冻机内冷冻（图13）。

杏仁酥

① 请参照P57<杏仁酥>①～③制作（图14）。

鲜奶油卡仕达

① 用硅胶铲将卡仕达奶油酱搅拌至光滑，加入充分打发的尚蒂伊鲜奶油，搅拌均匀（图15）。

组合2·装饰

① 将糖水白桃放到冷却网上，沥干多余的汁水（图16）。再用厨房用纸充分吸干汁水。

② 沿着桃子表面凹陷处纵向对切开，去核（图17）。用厨房用纸仔细吸干汁水，切口朝下摆放在厨房用纸上。

③ 拿起<组合1>的挞，用毛刷往杏仁奶油上刷一层糖浆（图18）。

＊挞皮不要沾上糖浆，否则会影响口感。

④ 分别放入10g杏仁酥，用刮刀从上按压，中央压出一个凹槽（图19）。

＊ 挞皮边缘也塞满杏仁酥，这样再往上面挤奶油也不会沾湿挞皮。

⑤ 将鲜奶油卡仕达倒入装有口径5mm的圆形裱花嘴的裱花袋内，每个挤入6g。用刮刀涂抹均匀。

⑥ 将波特红葡萄酒和黑加仑果酱从模具内取出，放到⑤上。轻轻按压使其粘合（图20）。

⑦ 再分别挤上12g鲜奶油卡仕达，从边缘朝中心挤成漩涡状（图21）。用刮刀抹成平缓的山丘状，放入急速冷冻机内冷却凝固表面。

⑧ 再次用厨房用纸蘸干白桃上的汁水，切口朝下放在冷却网上。淋上加热过的黄杏镜面（图22），沥去多余的镜面。摆放到⑦上。

⑨ 杏仁脆饼上沾上少许蜜饯黄桃，贴到四周包围住挞皮，突出立体感（图23）。用手掌握住按压。往杏仁脆饼上撒上装饰用糖粉。

挞皮需要充分烤干，因为白桃水分含量较高，一定要仔细吸干多余的汁水再放到挞皮上面。放置时间久了白桃还是会渗出少许汁水，可以少量多次制作，保证展示柜内甜品的新鲜度。

Tarte aux figues
无花果挞

传统水果挞都是先将水果与杏仁奶油填充在挞皮内，再放入烤箱内烤制。这次介绍的"无花果挞"可以说是普通水果挞的升级版。挞皮与水果并不是一起入炉烤制，而是先把挞皮烤好，再塞满做好的果酱和糖渍水果，最后稍作装饰即可。吸满了糖浆、煮软的白无花果和黑无花果的温和甜味，点缀上黑加仑果酱浓缩的酸味，给人耳目一新的感觉。

自上至下
· 尚蒂伊鲜奶油
· 核桃、杏仁
· 糖渍白无花果
· 糖渍黑无花果
· 黑加仑果酱
· 挞皮

材料（直径6.5cm、高1.7cm的圆形模具30个份）

挞皮 Pâteà sucrée
（每个使用20g）
黄油　beurre…180g
糖粉　sucre glace…120g
杏仁粉　amandes en poudre…40g
全蛋　oeufs entiers…60g
低筋面粉　farine ordinaire…300g

黑加仑果酱 Confiture de cassis
（容易制作的量。每个15g）
黑加仑酱　purée de cassis…300g
水　eau…30g
细砂糖A　sucre semoule…120g
水饴　glucose…60g
细砂糖B　sucre semoule…75g
NK果胶　pectine…7.2g
柠檬汁　jus de citron…12g

糖渍黑无花果
Confites figues noires
（容易制作的量）
黑无花果（干）
figues noires séchées…500g
水　eau…750g
香草荚　gousse de vanille…1根
细砂糖　sucre semoule…360g

糖渍白无花果
Confites figues blanches
（容易制作的量）
白无花果（干）
figues blanches séchées…500g
水　eau…900g
细砂糖　sucre semoule…450g
香草荚　gousse de vanille…1根

核桃　noix…适量
杏仁（带皮）　amandes…适量
尚蒂伊鲜奶油（P248）
crème Chantilly…适量
肉桂粉　cannelle en poudre…适量

做法

挞皮
① 请参照P82<挞皮>①～④制作面坯。放入冰箱内冷藏一个晚上。
② 用手轻轻揉面团，揉至光滑后整成四方形。再旋转90° 用压面机压成厚2.75mm的面坯。
③ 放在烤盘上，用大一圈的圆形模具（直径8.5cm）压成圆饼。放入冰箱内冷藏30分钟左右。
④ 将③放入直径6.5cm高1.7cm的圆形模具内（面坯整形→P265），放入冰箱内冷藏30分钟。
⑤ 摆放到铺好硅胶垫的烤盘上。圆形模具内侧放上合适的铝制杯子，再装入重石。放入170℃烤箱内烤11分钟。
⑥ 出炉后，取下重石、铝制杯子，室温下冷却。

黑加仑果酱
① 锅内放入黑加仑酱、水、细砂糖A、水饴，开大火，用硅胶铲搅拌至沸腾。
② 将细砂糖B和NH果胶混合，然后加入①内，用打蛋器搅拌至溶化。
③ 用铲子搅拌，煮至糖度为67% brix。关火，加入柠檬汁，混合均匀。
④ 倒入平盘内，裹上保鲜膜。室温下冷却，再用细网筛过筛，放入冰箱内冷藏。

糖渍黑无花果
① 用竹扦在黑无花果干上插3个洞（横向2个、纵向1个）。放入水里浸泡一个晚上，沥干水分。
② 锅内放入水、香草籽和豆荚，开大火加热。沸腾后加入细砂糖，再加热至沸腾。
③ 将①放入锅内，盖上锅盖，中火煮至煮至糖度为72% brix。
④ 放在锅内室温下冷却，然后移至其他容器内，放入冰箱内保存。

糖渍白无花果
①与糖渍黑无花果做法相同。

装饰
① 将核桃、杏仁分别放到烤盘上，放入160℃的烤箱内烤15分钟，烤到轻微上色。室温下冷却。
② 不用裱花嘴，裱花袋剪小口，装入黑加仑果酱。往每个挞皮内挤入15g。
③ 沥干糖渍黑无花果和糖渍白无花果上的汁水。糖渍黑无花果纵向对切开、糖渍白无花果横向对切开。将两种糖渍无花果分别往②上随意摆上3块。
④ 用手将①的核桃掰成2～4等份、杏仁切成2～3等份。往③上撒少许。
⑤ 再用茶匙舀上尚蒂伊鲜奶油，整理成椭圆形。轻轻撒上少许肉桂粉。

arron Passion

栗子百香果

我在巴黎工作时初次邂逅了栗子与百香果搭配制作而成的甜点。一般与栗子搭配的食材都是同季的水果洋梨，或者法式甜点中常用的黑加仑，而百香果产自遥远的南国，与栗子产地相距甚远。对当时的我来说，这种搭配真是太新鲜了，鲜明的酸味至今清晰映在我的记忆中。制作的关键在于栗子用量大，而百香果仅用极少量。这样既不会破坏栗子绵密的口感，还能突出栗子的甜糯。这是一款中间夹了奶油的传统甜品，但为了避免墨守成规，甜品基底特意选用了圣米歇尔饼干。圣米歇尔饼干的口感介于蛋白糖霜与达克瓦兹之间，最具魅力的莫过于它既软糯又酥脆的口感。加入烤熟的杏仁碎口感更香脆，让人难以忘怀。每咬一口都会给你不一样的味道和口感，让身心沉浸在意想不到的幸福中。

从上至下
· 百香果镜面
· 栗子尚蒂伊鲜奶油
· 巧克力淋面
· 栗子奶油
· 圣米歇尔饼干
· 百香果奶油
· 百香果果酱
· 栗子奶油
· 圣米歇尔饼干

材料（57cm×37cm、高4cm的模具1个份）

圣米歇尔饼干
Biscuit St-Michel
（60cm×40cm的烤盘·2个份）
蛋白A*　blancs d'oeufs…450g
低筋面粉　farine ordinaire…81g
杏仁粉　amandes en poudre…108g
糖粉　sucre glace…1012g
杏仁（带皮）*　amandes…621g
蛋白B*　blancs d'oeufs…450g
细砂糖　sucre semoule…225g
干燥蛋白　blanc d'oeuf en poudre…22.5g
*杏仁放入160℃烤箱内烤15分钟，切碎备用。

*蛋白分别提前冷藏备用。

百香果奶油
Crème fruit de la Passion
（57cm×37cm、高5mm的框架1个份）
百香果果酱
purée de fruit de la Passion…507g
蛋黄　jaunes d'oeufs…152g
全蛋　oeufs entiers…95g
细砂糖　sucre semoule…165g
吉利丁片　gélatine en feuilles…5g
黄油　beurre…190g

百香果果酱
Gelée de fruits de la Passion
（57cm×37cm、高5mm的框架1个份）
百香果果酱
purée de fruit de la Passion…922g
细砂糖　sucre semoule…175g
吉利丁片　gélatine en feuilles…23g

栗子奶油　Crème de marron
栗子酱*　pâte de marron…1200g
栗子奶油*　crème de marron…300g
黄油　beurre…600g
朗姆酒　rhum…90g
鲜奶油（乳脂含量35%）
crème fraîche 35% MG…210g
蛋白　blancs d'oeufs…130g
细砂糖A　sucre semoule…20g
细砂糖B　sucre semoule…200g
水　eau…50g
糖渍栗子*　marrons confits…480g
朗姆酒　rhum…25g
*栗子酱和栗子奶油分别提前放置室温下。

*糖渍栗子切碎备用。

百香果镜面
Nappage fruits de la Passion
（容易制作的量）
百香果果酱
purée de fruit de la Passion…165g
水　eau…83g
酒石酸　crème tarter…4g
细砂糖A　sucre semoule…165g
NH果胶*　pectin…5g
细砂糖B*　sucre semoule…83g
*NH果胶与细砂糖B混合备用。

栗子尚蒂伊鲜奶油
Crème Chantilly au marron
（11cm×2.8cm·20个份）
栗子奶油　crème de marron…150g
鲜奶油（乳脂含量40%）
crème fraîche 40% MG…230g

巧克力米黄色淋面（P261）
glaçage beige au chocolat…适量
百香果籽
pepin de fruit de la Passion…适量

做法

圣米歇尔饼干
① 蛋白A用搅拌机高速充分打发。
② 盆内放入低筋面粉、杏仁粉、糖粉、切碎的杏仁，用手混合均匀（图1）。加入①，不用搅拌，直接放置一旁。
③ 将1/3量的细砂糖与干燥蛋白混合，与蛋白B一并放入搅拌盆内（图2）高速打发。分别在打至5分发、8分发时加入一半剩下的细砂糖，搅打成细腻黏稠的蛋白糖霜（图3）。
*打发标准请参照P21<杏仁酥>②。
④ 待蛋白糖霜完成时，用刮刀把②的粉类与蛋白霜搅拌均匀（图4）。

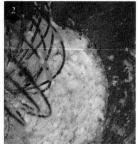

⑤　往④内加入③，用刮刀翻拌均匀（图5）。

⑥　两个60cm×40cm的烤盘内铺好烘焙用纸，将⑤一分两份分别倒入烤盘内，用刮刀抹平（图6）。筛上糖粉。

⑦　放入170℃的烤箱内烤30分钟左右（图7）。直接放置于室温下冷却。

⑧　将饼干脱模，剥下烘焙用纸。用锯齿刀切成与57cm×37cm模具外周相吻合的尺寸。其中一份放置一旁备用<A>。另一份烤上色的一面朝上放在贴好透明塑料纸的烤盘上，套上57cm×37cm的模具<B>。

*饼干表面非常容易破碎，翻面时一定要小心。

百香果奶油

①　请参照P94<百香果奶油>①～⑤制作。

②　将57cm×37cm、高5mm的框架放到贴好透明塑料纸的烤盘上，用胶带固定。倒入①，用刮刀抹平表面（图8）。放入急速冷冻机内冷冻。

③　将刀插入模具与奶油之间，脱模。再重新套上高1cm的框架（图9）。放入急速冷冻机内冷冻。

百香果果酱

①　百香果果酱加热至与体温相仿。加入细砂糖搅拌溶化。

②　取1/5的①一点点加入到溶化的吉利丁片内，同时用打蛋器搅拌（图10）。再倒回①内，用硅胶铲搅拌均匀（图11）。

③　倒到冷冻的百香果奶油上，用刮刀抹平（图12）。用酒精喷雾去掉漂浮在表面上的气泡，放置片刻，稍微凝固后放入急速冷冻机内冷冻。

④　脱模，上下均贴上透明塑料纸。果酱朝下放置，继续放入急速冷冻机内冷冻<C>。

栗子奶油

①　用装有搅拌棒的搅拌机中速搅拌栗子酱，搅拌至没有结块。

②　加入一半的栗子奶油，搅拌均匀。中途暂停机器，用刮刀清理干净沾在搅拌棒和搅拌盆上的奶油，然后再加入剩下的栗子奶油，大致搅拌（图13）。

③　往②内分5次加入软化成发蜡状的黄油（图14），每加入一次都需用中速搅拌，搅拌均匀后改用高速打发。中途暂停两次机器，清理干净沾在搅拌棒和搅拌盆上的奶油，持续搅打至蓬松（图15）。

*材料提前放置于室温下更容易打发。整体搅拌均匀且稍微搅打蓬松时，再加入下一次的黄油。

④　鲜奶油加热至50℃，混入朗姆酒。倒入③内，搅拌均匀（图16）。

*趁④冷却且黄油还未凝固时，进行步骤⑧。

⑤　将冷藏的蛋白和细砂糖A放入搅拌盆内，高速搅打至8分发。

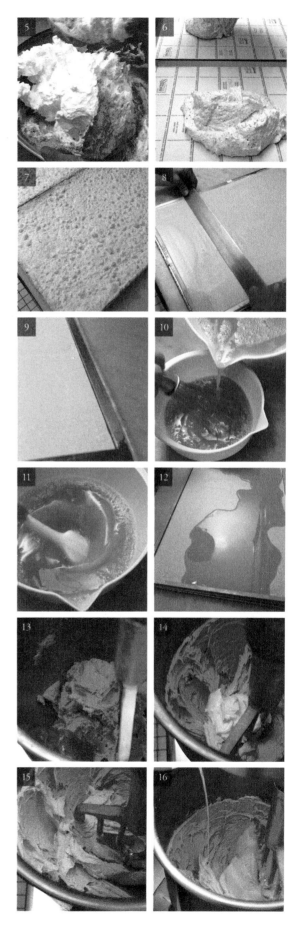

⑥　与步骤⑤同时，将细砂糖B与水放入锅内，开火加热至118℃。倒入⑤内，高速搅打至蓬松（图17）。搅打速度逐渐改成中速→低速，搅打至温度降至30℃左右。

*为了避免随后与黄油含量高的奶油混合时产生水油分离的情况，蛋白糖霜不要完全冷却。

⑦　往切碎的糖渍栗子内淋入朗姆酒，用硅胶铲搅拌均匀（图18）。

⑧　将④倒入碗内，分4次加入⑥的蛋白糖霜，每加入一次都需要用打蛋器大致搅拌（图19）。然后改用硅胶铲充分搅拌均匀。

*为了避免消泡，用打蛋器挑着搅打，让奶油穿过打蛋器。

⑨　称出1100g的⑧，加入⑦的栗子，用硅胶铲搅拌均匀（图20）。剩下的奶油放置备用。

*为了避免消泡，搅拌动作要轻柔。

组合1

①　将栗子奶油（已加入栗子）倒到<B>的饼干上，用刮刀抹平（图21）。

②　将<C>冷冻过的百香果奶油和果酱，果酱朝下放置到①上，紧紧贴合。揭去透明塑料纸，用小刀戳出若干排气孔，盖上透明塑料纸，再用金属板当作重石从上使劲按压，让各层之间紧紧粘合（图22·图23）。揭下透明塑料纸。

*排气孔是为了排出栗子奶油与冷冻的果酱之间的空气。

③　称出1200g栗子奶油（未加入栗子），倒到②上，用刮刀抹平（图24）。清理干净沾在模具上的多余奶油。

④　再放上另外一块饼干<A>，烤上色的一面朝下，用手按压紧实。盖上烘焙用纸，用平板当作重石从上使劲按压紧实（图25）。

⑤　切去超出模具部分的透明塑料纸。侧面用燃烧器微微加热，提起模具。长边侧垫上高8mm的金属板（图26）。

*垫上金属板是为了补足模具缺少的8mm，让模具与甜品高度持平。如果模具高4.8cm的话，这一步骤可省略。

⑥　倒入剩下的奶油（未加入栗子），用刮刀稍微涂抹。再用平刃刀沿着模具的高度涂抹，去除多余的奶油，抹平表面（图27）。放入急速冷冻机内冷冻。

⑦　用燃烧器加热模具侧面，脱模。用平刃刀切去两端，切成40cm×11cm，第一刀先从上面切透最上层的栗子奶油。

*一次切到底的话，容易开裂。第一刀只切透最上层的栗子奶油。刀需要用燃烧器稍微加热后再切。

⑧　改用锯齿刀切至第一块饼干。再用平刃刀完全切透（图28）。放入急速冷冻机内冷冻。

百香果镜面

①　将百香果果酱、水、酒石酸、细砂糖A放入锅内，煮沸。

② 加入提前混合好的NH果胶和细砂糖B，用打蛋器充分搅拌。再次沸腾后，关火。倒入碗内，裹上保鲜膜，室温下冷却（图29）。放入冰箱内冷藏一个晚上。

＊使用时需过一遍筛。

组合2

① 将冷却网放入烤盘内，用刮刀将甜点放到网上。然后按照"侧面→上面"的顺序淋上加热到33～34℃的巧克力米黄色淋面（图30）。

② 用刮刀抹平表面（图31）。端起冷却网往烤盘上轻磕几下，沥去多余的淋面，并清理干净底部多余的淋面。放入冰箱内冷藏片刻。

③ 用燃烧器稍微加热一下平刃刀，切去甜品的两端。然后，先用稍微加热过的锯齿刀划出宽2.8cm的印记，再从表面切至圣米歇尔饼干处（图32·图33）。侧面也切透1cm左右。

＊这时已经有裂痕了，分2次切。

④ 用燃烧器稍微加热一下锯齿刀，切透（图34）。放到纸托上。

栗子尚蒂伊鲜奶油

① 往栗子奶油内挤入少量的鲜奶油，用打蛋器搅打。再加入剩下的鲜奶油，用打蛋器搅打至7分发（图35）。

装饰

① 将栗子尚蒂伊鲜奶油倒入装好12齿·7号锯齿裱花嘴的裱花袋内，在表面挤上5个稍微重叠的贝壳状。

② 用茶匙在①的上面淋上一道百香果镜面（图36）。用厨房用纸吸干百香果籽上的汁水，用镊子夹起3颗装饰到镜面上。

蛋白霜与粉类混合时，如果搅拌不充分，烤制成的圣米歇尔饼干会产生很多空洞，因此，一定要充分搅拌至面糊产生黏性。烤好后的圣米歇尔饼干表面干燥很容易破损，尽量小心操作。

4

精简后的设计之美

L'esthétique épurée

20多岁时，我曾暂别甜点界改行做了7年平面造型设计。之所以选择做设计师就因为我想自己设计甜点的包装，并不是厌倦了糕点师的工作。恰好又有一个当设计师的机遇，我就毫不犹豫闯入了设计行业，每天不断碰壁、受各种刺激。

我非常喜欢那种简约、毫不拖沓且带给人纯粹美感的设计。我从贝尔纳·布菲、马塞尔·杜尚、松永真、葛西薰等大师身上感受到了普遍的、平淡的、不矫饰的世界观的美。经过精简后每一个元素都意味深长，甚至行文与空间都具有重要意义，而不只单纯觉得"好看"。这一理念同样适用于甜点制作，无需多余的装饰，简简单单正是我坚持的立场。只用一颗莓子装饰也有它独特的味道。不要凭借繁琐的设计炫耀自己的技术，而是用有意义的设计增强食物的美感。我经常听到有人说"金子先生制作的甜点都没有什么装饰呀"，但我觉得每一款都非常美，这样才能凸显味道的本质。

我创作新甜点的过程也受到很多设计工作的影响。糕点师一般把"动手做"作为工作的重点，往往都是先动手再构思。而设计工作则是八成构思，动手做只占两成。极端点甚至可以说"自己都不用动手做"。我属于那种从构思到动手都要亲力亲为的类型，相比设计师，我身上更多的是匠人气质。但是，创作新品时，我仍旧保持着仔细考虑、反复推敲，最后再动手做的习惯。

一个创意的诞生需要运用经验、知识、记忆等方方面面。而教会我这些的正是设计事务所的同事——美术设计师兼摄影师岛隆志先生。他的作品可谓惊艳四座！某种程度上可以说他是一个天才，无论是设计作品还是摄影作品都有一股引人入胜的力量，让人心服口服。上至大作品下至一枚小小的名片都格外精美。我非常崇拜他，认为"这才是工作的本质"，为此不惜住在事务所，废寝忘食地珍惜与岛先生共事的时间，心中无限雀跃。他告诉我："要趁年轻多长长见识。多看看这个世界，人的格局就会随着变大。多让自己感动，不畏惧失败。随着年龄的增长，该做的事便会在某个时刻悄然而至。"迄今为止，我作为一名糕点师在"制作东西"这件事上一直严格要求自己，希望自己能掌握更多的高难度技术。当然，他还告诉我"制作东西"一定要具备创造力。在常年积累的刻苦训练中，我的视野更加开阔，不断成长。

我重新回归甜点世界后，以更高的热情投入到工作中，自己也能够自由发挥。做设计师的这7年对我来说是不能缺失的岁月。随着时间的更迭，不知何时我已不再是那个只会盯着别人的甜点或设计的懵懂少年。想必是因为我找到了属于自己的独特的美。或许我已经抵达了岛先生说的"某个时刻"。

右上：胜利女神/右下：杜伊勒里公园正在玩球的孩子们
左上：巴黎歌剧院的屋顶和天空　左下：卢浮宫博物馆的金字塔顶

Ĝateau vanille
香草蛋糕

"香草蛋糕"的制作理念是让顾客像在高级餐厅享用满满香草风味的冰淇淋。除了挞皮，其他部分（杏仁奶油、甘纳许、糖浆、尚蒂伊鲜奶油、镜面）都加入了香草，整体散发着柔和诱人的香味。特意选用了产自塔希提岛的香气高雅迷人的香草荚。装饰只用一块大金箔，与味道一样，简约而不简单。通过切成长条，层层分明，更能凸显美味与精致，可以说是我的得意之作。喜欢这款甜品的人特别多，甚至连来自法国的糕点师对这款甜品都赞不绝口。虽然我制作的蛋糕都是面向日本顾客的，但是心里一直想着如果能做出让法国人称赞的甜品该多好呀，这款蛋糕真正满足了我这个小心愿。作为外国人，我无从知晓法国人从小培养出来的味觉，但今后我仍会尽自己最大的努力去靠近。

从上至下
· 金箔、香草粉
· 香草镜面
· 香草马士卡彭奶酪尚蒂伊鲜奶油
· 香草风味的甘纳许
· 香草糖浆
· 香草风味的杏仁奶油
· 挞皮

[材料]（57cm×37cm、高4cm的模具1个份）

香草马士卡彭奶酪尚蒂伊鲜奶油
Crème Chantilly à la vanille et au mascarpone

调温巧克力（白）*
couverture blanc…470g

鲜奶油（乳脂含量35%）
crème fraîche 35% MG…1600g

香草荚　gousse de vanille…3根

香草精*　extrait de vanilla…50g

马士卡彭奶酪　mascarpone…500g

吉利丁片　gélatine en feuilles…15.5g

*使用的是法芙娜公司生产的VALRHONA IVOIRE
系列白巧克力。

*使用天然浓缩香草原液。

香草糖浆　Sirop à imbiber vanille
水　eau…225g

细砂糖　sucre semoule…140g

香草荚　gousse de vanille…1根

挞皮　Pâte à sucrée
黄油　beurre…260g

糖粉　sucre glace…174g

杏仁粉　amandes en poudre…58g

全蛋　oeufs entiers…87g

低筋面粉　farine ordinaire…433g

香草风味的杏仁奶油
Crème frangipane à la vanille

杏仁奶油　crème frangipane
┌ 黄油　beurre…575g
│ 杏仁粉　amandes en poudre…575g
│ 细砂糖　sucre semoule…575g
│ 全蛋　oeufs entiers…430g
│ 布丁粉　flan en poudre…72g
│ 朗姆酒　rhum…90g
│ 卡仕达奶油酱（P248）
└ crème pâtissière…720g

香草粉　vanilles en poudre…4g

香草精　extrait de vanille…20g

香草酱　pâte de vanille…40g

香草风味的甘纳许
Ganache à la vanille

鲜奶油（乳脂含量35%）
crème fraîche 35% MG…300g

香草荚　gousse de vanille…2.5根

转化糖　trimoline…60g

黄油　beurre…75g

调温巧克力（白）*
couverture blanc…675g

*使用的是法芙娜公司生产的VALRHONA IVOIRE
系列白巧克力。

香草镜面（P258）
nappage vanille…适量

金箔　feuille d'or…适量

香草粉　vanilles en poudre…适量

[做法]

香草马士卡彭奶酪尚蒂伊鲜奶油
① 调温巧克力隔水加热至2/3量熔化。
② 锅内放入鲜奶油、香草荚，煮沸。关火，盖上锅盖焖30分钟。
③ 过滤②。用手指抠出香草荚内的籽，用硅胶铲使劲按压，尽量按压过滤出香草籽（图1）。
④ 称出1600g的③，不足量的部分用鲜奶油（分量外）补足。开中火加热至沸腾。
⑤ 称出235g④，分5次加入到①内，每加入一次都需要用打蛋器从中央开始搅拌。刚开始油脂渗出，会出现水油分离的情况（图2）；渐渐就会融合，第3次以后就变成了黏稠丝滑的乳化状态（图3）。
*暂时出现水油分离的情况能让乳化效果更好，打发效果更稳定。搅拌完成前，鲜奶油的温度不要太低。
⑥ 移入容量较深的容器内，用搅拌棒搅拌成有光泽、细滑的乳化状态。搅拌中途需暂停机器，用硅胶铲清理干净粘在搅拌棒和容器内壁上的奶油。再加入235g的③，继续用搅拌棒搅拌成有光泽、细滑的乳化状态（图4）。

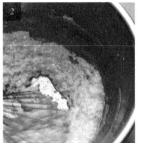

⑦ 移入碗内，分3次加入剩下的鲜奶油③，每加入一次都需要用打蛋器充分搅拌均匀。裹上保鲜膜，放入冰箱内冷藏两天。

*通过充分冷藏奶油更稳定，更容易打发。奶油表面容易结膜，一定要用保鲜膜密封。

⑧ 使用时，在冷藏过的奶油内加入香草精（图5），用搅拌机中速搅打至尖角弯曲（图6）。

⑨ 用打蛋器充分搅打马士卡彭奶酪。舀一铲⑧放入，用打蛋器从碗底翻拌，轻轻磕碰碗壁使奶油跌落，大致搅拌（图7）。改用硅胶铲继续搅拌均匀。

⑩ 将融化的吉利丁片温度调整至40℃左右。加入一铲子⑨，充分搅拌。温度再次调整至40℃左右，再次加入一铲子⑨，充分搅拌均匀。再重复一次。

⑪ 将⑩放入微波炉内加热至40℃，分4次加入⑨内，用打蛋器充分搅拌均匀（图8）。搅拌完成后，温度约30℃。

*因为容易结块，一定要注意温度。如果温度过低，需隔热水加热。

⑫ 将⑪全部加入⑧的鲜奶油内，用打蛋器大致搅拌。改用硅胶铲充分搅拌均匀（图9）。

香草糖浆

① 锅内放入水、细砂糖、香草荚，煮沸（图10）。冷却后裹上保鲜膜，放入冰箱内冷藏一个晚上。

挞皮

① 请参照P82<挞皮>①~④制作面坯。

② 用手轻轻揉面团，揉至光滑后整成四方形。再旋转90°用压面机压成厚3mm的面坯。

③ 切成大小与烤盘（60cm×40cm）相同，放到铺有硅胶垫的烤盘上。

④ 放入160℃烤箱内烤14分钟，烤至轻微上色（图11）。不要翻面，直接放在烤盘内，室温下冷却。

⑤ 冷却后，放上57cm×37cm的模具，沿着模具内测用小刀切下（图12）。模具直接套在挞皮上。

*注意小心切割以防损坏。

香草风味的杏仁奶油

① 请参照P250制作杏仁奶油（图13）。

② 往①内加入香草粉、香草精、香草酱，用装好搅拌棒的搅拌机低速搅拌（图14）。

③ 倒入<挞皮>⑤的模具内，用刮刀抹平（图15）。放入冰箱内冷藏一个晚上。

④ 放入160℃的烤箱内烤45~50分钟，烤至整体轻微上色。为了避免过度上色，另外再扣上一个烤盘，继续烤10~15分钟。

⑤ 取下扣在上面的烤盘，放在冷却网上室温下冷却。放入急速冷冻机内冷冻（A·图16）。

*通过冷冻，取下铺在挞皮下面的硅胶垫时，不会弄碎挞皮。

组合1

① 另取一个烤盘倒扣到 A 上。用燃烧器加热烤盘，取掉粘在挞皮上的硅胶垫和烤盘。

② 将①放入 170℃的烤箱内加热 5 分钟，解冻。

③ 过滤香草糖浆，用手指抠出香草荚内的种子，用硅胶铲使劲按压，尽量按压过滤出香草籽。加热至 37℃左右，用毛刷全部刷到②的杏仁奶油上（图 17）。

*四周稍干燥，可以多刷些糖浆。

④ 用刮刀按压杏仁奶油的边缘，抹平表面。

香草风味的甘纳许

① 调温巧克力隔热水加热至 2/3 量熔化。

② 锅内放入鲜奶油、香草荚，煮沸。关火，盖上锅盖焖 30 分钟。

③ 过滤②。用手指抠出香草荚内的种子（图 18），用硅胶铲使劲按压，尽量按压过滤出香草籽。

④ 称出 300g 的③，不足量的部分用鲜奶油（分量外）补足。加入转化糖，开中火加热至沸腾。

⑤ 分 3 次加入①的调温巧克力内，每加入一次都需要用打蛋器从中央开始用力搅拌（图 19）。刚开始油脂渗出，会出现水油分离的情况，第 2 次以后渐渐变黏稠，最后变成了黏稠丝滑的乳化状态（图 20·图 21）。

*暂时出现水油分离的情况能让乳化效果更好。

⑥ 移入容量较深的容器内，用搅拌棒搅拌成有光泽、细滑的乳化状态。中途用硅胶铲清理干净奶油。

⑦ 加入软化成发蜡状的黄油，用硅胶铲混合，再用搅拌棒搅拌至产生光泽、蓬松的乳化状态（图 22）。

⑧ 倒入〈组合 1〉的④内，用刮刀抹平（图 23）。端起烤盘，在操作台上轻轻摔打，抹平表面，同时排出空气。放入急速冷冻机内冷却定型。

组合·装饰

① 将一半的香草马士卡彭奶酪尚蒂伊鲜奶油倒入冷藏的甘纳许上，用刮刀抹平。再往模具侧面倒入少许尚蒂伊鲜奶油，整理成浅凹槽状。

*尚蒂伊鲜奶油需填满模具缝隙。

② 倒上剩余的尚蒂伊鲜奶油，用刮刀稍微抹平。然后将平刃刀沿着模具滑动，抹平奶油（图 24），放入急速冷冻机内冷冻。

③ 用燃烧器微微加热模具，用小刀沿着模具划一圈，蛋糕脱模。放入冰箱内 30 分钟半解冻。

④ 用燃烧器稍微加热一下平刃刀，然后再分切蛋糕。首先切去蛋糕的两端分切成 37cm×11cm（图 25）。不要一次切到底，先切到甘纳许一层，再重新加热一下平刃刀，切到底。

⑤ 表面淋上香草镜面，用刮刀均匀涂抹薄薄一层。然后清理干净多余的镜面（图 26）。

⑥ 分切成 11cm×2.5cm 的小块。

⑦ 撒上香草粉，贴上切成三角形的金箔（图 27）。

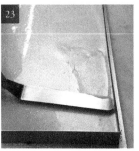

M *acaron provençal*
普罗旺斯马卡龙

"普罗旺斯马卡龙"的制作灵感源自法国传统甜点——蒙特利马尔牛轧糖。马卡龙本身就已经足够美味了，但是我想做一款口味更加新颖的甜点。除了采用苹果与咖啡、朗姆酒与香蕉这种具有冲击力的口味组合，我还琢磨"如果从口味和外观上都做成与蒙特利马尔牛轧糖一样会有怎样的效果呢"，于是诞生了此款甜点。马卡龙饼夹上牛轧糖慕斯和奶油，看上去就像威化饼干夹着蒙特利马尔牛轧糖。无需多余的装饰，保留这种最简洁的美感。主角牛轧糖慕斯使用了风味醇厚的百花蜜，还加入了产自普罗旺斯的果味浓郁的毕加罗甜樱桃和香气怡人的焦糖杏仁薄脆，风味更丰富。为了避免蜂蜜甜味过浓，还专门夹了黄杏果酱和酸奶风味的尚蒂伊鲜奶油。强烈的酸味和清爽感中和了蜂蜜的甜腻，令人难忘。

从上至下
· 马卡龙饼
· 黄杏糖浆
· 蜂蜜酸奶尚蒂伊鲜奶油
· 黄杏果酱（中央）
· 蒙特利马尔牛轧糖慕斯
· 黄杏糖浆
· 马卡龙饼

材料 （直径6cm · 36个份）

马卡龙饼　Biscuit macarons
（直径6cm · 80个份）

冷冻蛋白　blancs d'oeufs congelée…330g
细砂糖*　sucre semoule…132g
干燥蛋白*　blanc d'oeufs poudre…7.4g
咖啡酱（P250）　pâte de café…5g
杏仁粉　amandes en poudre…476g
糖粉　sucre glace…696g

*冷冻蛋白需提前解冻冷藏备用。

*细砂糖与干燥蛋白混合备用。

黄杏果酱　Gelée d'abricot
（130个份）

黄杏果酱　purée d'abricot…285g
柠檬汁　jus de citron…16g
细砂糖　sucre semoule…63g
吉利丁片　gélatine en feuilles…5g

蒙特利马尔牛轧糖慕斯
Mousse au nougat Montelimar
（每个使用33g）

蜂蜜　miel…80g
水饴　glucose…20g
细砂糖　sucre semoule…55g
蛋白*　blancs d'oeufs…80g
吉利丁片　gélatine en feuilles…10g
厚奶油　crème épaisse…400g
混合果酱　fruits confits…210g
糖渍毕加罗甜樱桃
bigarreaux confits…120g
焦糖杏仁薄脆（P257）
nougatine amandes…220g

*蛋白提前冷藏备用。

蜂蜜酸奶尚蒂伊鲜奶油
Crème Chantilly au miel et au yaourt
（每个使用22g）

鲜奶油（乳脂含量35%）
crème fraîche 35% MG…220g
酸奶尚蒂伊*
"yaourt chantilly"…430g
蜂蜜　miel…60g
调温巧克力（白）*
couverture blanc…168g

*酸奶尚蒂伊使用的是中泽乳业生产的酸奶口味的发酵乳。可以打发成奶油。

*使用的是法芙娜公司生产的VALRHONA IVOIRE系列白巧克力。

黄杏糖浆　Sirop abricot
原味糖浆（P250）　base de sirop…100g
杏汁　eau-de-vie d'abricot…50g

*所有材料混合均匀。

做法

马卡龙饼

① 不锈钢盆内放入蛋白、细砂糖与干燥蛋白混合物，用打蛋器稍微搅拌几下，加入咖啡酱，继续搅拌（图1）。

② 用电动打蛋器低速打发。搅拌至6分发时调至高速，搅打至提起打蛋器，蛋白泡沫稳定坚固，尖端挺直不塌。

*6分发就是蛋白整体蓬松，可清晰看到打蛋器的痕迹。

③ 将杏仁粉和糖粉放入碗内，搅拌均匀后，加入②。用刮刀切拌，时不时从上轻轻按压，让粉类与蛋白霜充分融合，搅拌至没有干粉（图2）。

④ 用刮刀挑起面糊用力沿碗壁挤压画圈10次，挤压掉面糊内的气泡，然后将面糊往盆中央搅拌（压拌混合面糊）。这一步骤需重复5次（图3）。

⑤ 搅拌至面糊呈现光泽，用刮刀舀起呈缎带状落下即可（图4）。

⑥ 将面糊倒入装有口径为13mm的裱花嘴的裱花袋内，挤出直径5cm的圆形（图5）。

*烤盘内先铺上画有圆圈（直径为5cm）的纸，再铺上油布。裱花嘴对准圆心挤出面糊，待面糊延展成直径为5cm的圆圈后，停止挤面糊。取出垫在油布下的纸。

⑦ 用手掌多次敲打烤盘底，让面糊均匀延展开（直径约5.8cm）。放在干燥的地方，晾15分钟左右，用手指触摸表面，不沾面糊即可。

⑧ 放入150℃对流恒温烤箱内烤12分钟（图6）。取出，放置于室温下冷却。

黄杏果酱

① 请参照P22<黄杏果酱>①~②的制作。

② 43cm×32cm的烤盘贴上透明塑料纸，倒入①，放入急速冷冻机内冷冻。

③ 用平刃刀刀分切成边长3cm的小块（图7），放入急速冷冻机内冷冻。

蒙特利马尔牛轧糖慕斯

① 铜锅内放入蜂蜜、水饴、细砂糖，开火加热至120℃。

② 同时，蛋白用搅拌机高速搅打至8分发。

③ 将①的锅底浸入冰水内，停止加热。然后倒入②内，高速打发（图8）。搅打蓬松后，改用中速继续搅拌。趁温热，加入溶化的吉利丁片，然后继续搅拌，至蛋白糖霜冷却到室温（图9）。

④ 用打蛋器将厚奶油搅拌至柔软细滑。加入混合果酱、糖渍毕加罗甜樱桃、1/3量的③，用硅胶铲搅拌均匀（图10）。加入剩下的蛋白糖霜和焦糖杏仁薄脆，搅拌均匀（图11）。

⑤ 将④装入口径为14mm的圆形裱花嘴的裱花袋内，往直径6.5cm×高1.7cm的模具内每个挤入33g，约模具一半的高度。用勺背大致抹平，填满模具四周，注意不要产生气泡。

⑥ 将剩余的慕斯挤满模具，用刮刀抹平表面，去除多余的慕斯（图12）。放入急速冷冻机内冷冻。

蜂蜜酸奶尚蒂伊鲜奶油

① 调温巧克力隔热水加热至1/2量熔化。

② 与①同时进行，锅内放入鲜奶油和蜂蜜，煮沸。称出84g，倒入①内。用打蛋器从中央开始渐渐往四周搅拌，搅拌至细滑。

③ 移入容量较深的容器内，用搅拌棒搅拌成产生光泽、细滑的乳化状态。

④ 移至碗内，分3次加入剩下的②，每加入一次都需要用打蛋器充分搅拌均匀（图13）。

⑤ 用打蛋器将酸奶尚蒂伊搅打至光滑。分2次加入④，用打蛋器搅拌（图14）。

⑥ 改用硅胶铲搅拌均匀（图15）。裹上保鲜膜。放入冰箱内冷藏一个晚上。

装饰

① 往马卡龙饼背面刷上少量黄杏糖浆（图16）。

② 将蒙特利马尔牛轧糖慕斯脱模，放到一半（36片）的①上。

③ 用搅拌机高速搅打蜂蜜酸奶尚蒂伊鲜奶油，充分打发。装入装有8齿·10号锯齿裱花嘴的裱花袋内。往②上每个挤上22g，挤成圆环状（图17）。

＊酸奶尚蒂伊即使充分打发，质地仍黏稠细腻。

④ 中央放入黄杏果酱，用手指压到奶油内（图18）。再盖上剩下的马卡龙饼，轻轻按压，使其粘合。

chocolat café tonka
咖啡香豆巧克力蛋糕

香二翅豆与香草味道相似，散发着迷人高贵的香气，我很久前就想将其用于甜品制作中，但一直不知该如何搭配，思考数年，最终选定与咖啡和巧克力搭配。用加入了香脆核桃仁的巧克力蛋糕当基底，搭配香二翅豆风味的甘纳许和淡淡咖啡香的尚蒂伊鲜奶油，充分发挥原料的香味，这种搭配可以摒除单调，突出香味。随意削两片巧克力屑做装饰，更显自然之美。

从上至下
· 黑巧克力屑
· 焦糖榛子
· 咖啡尚蒂伊鲜奶油
· 黑巧克力片
· 香二翅豆甘纳许
· 松软的巧克力蛋糕

咖啡香豆巧克力蛋糕 Chocolat café tonka

材料 材料（6cm×6cm、54个份）

松软的巧克力蛋糕
Biscuit cake au chocolat moelleux
（60cm×40cm的烤盘1个份）
黄油　beurre…381g
盐　sel…3.5g
杏仁粉　amandes en poudre…139g
细砂糖　sucre semoule…277g
全蛋　oeufs entiers…381g
低筋面粉　farine ordinaire…173g
可可粉　cacao en poudre…173g
牛奶　lait…103g
蛋白　blancs d'oeufs…415g
细砂糖　sucre semoule…156g
核桃（烤熟）　noix…118g

*黄油、全蛋、牛奶、蛋白提前放置于室温下。
*核桃放入160℃的烤箱内烤10～15分钟。分成
4～6等份。

香二翅豆甘纳许
Crème ganache à la fève de tonka
调温巧克力A（黑巧克力、可可含量
66%）*　couverture noir…152g
调温巧克力B（黑巧克力、可可含量
56%）*　couverture noir…300g
调温巧克力C（黑巧克力、可可含量
70%）*　couverture noir…455g
牛奶　lait…872g
鲜奶油（乳脂含量35%）
crème fraîche 35% MG…872g
香二翅豆　fève de tonka…12g
香草荚　gousse de vanille…1⅓根
蛋黄　jaunes d'oeufs…173g
细砂糖　sucre semoule…348g
香草精*　extrait de vanilla…12g

*调温巧克力A使用的是GARAIBE、B使用的是
CARAQUE、C使用的是GUANAJA（均来自法芙
娜公司）。
*香草精使用的天然浓缩香草原液。

咖啡尚蒂伊鲜奶油
Crème Chantilly au café
（10个份）
鲜奶油（乳脂含量40%）
crème fraîche 40% MG…240g
速溶咖啡　café soluble…4g
糖粉　sucre glace…15g

黑巧克力片（P253）
plaquettes de chocolat noir…10片
可可粉　cacao en poudre…适量
黑巧克力屑（P252）
copeaux de chocolat noir…适量
焦糖榛子（P256）
noisettes caramelisées…适量

松软的巧克力蛋糕

① 搅拌盆内放入黄油和盐，用装有搅拌棒的搅拌机低速搅拌成发蜡状，再依次加入细砂糖、杏仁粉，低速搅拌均匀。

② 全蛋打散，分5～6次加入①，每加入一次都用中低速搅拌至体积稍微膨大。

③ 加入低筋面粉和可可粉，低速搅拌至没有干粉。加入牛奶搅拌均匀，然后拿下搅拌盆，用手混合核桃。

④ 另一只碗内放入蛋白，高速打发。分别在打至4分发、6分发、8分发时加入1/3量的细砂糖，搅打至富有光泽、尖角直立。

*打发标准请参照P21<杏仁酥>②。注意一旦过度打发，会很难与面糊融合。

⑤ 往③内加入1/3量的④，用手大致搅拌。加入剩下的④，搅拌至产生光泽、质地均匀。

⑥ 倒入铺好烘焙用纸的烤盘内，用刮刀抹平。放入175℃的烤箱内烤17分钟。室温下冷却后脱模，放入急速冷冻机内冷冻。

*为了避免组合时蛋糕破损，需提前冷冻处理。

香二翘豆甘纳许

① 锅内放入牛奶、鲜奶油、8～10等分的香二翘豆、香草荚，煮沸。关火，盖上锅盖焖10分钟。

② 过滤①。用手指抠出滤网内香草荚的种子，用硅胶铲使劲按压，尽量过滤出香草和香二翘豆精华。

③ 称出1744g的②，分量不足的部分用一半牛奶和一半鲜奶油（均是分量外）补足。开中火加热。

*之后加入蛋黄后还需要继续加热。所以这一步牛奶和鲜奶油加热至即将沸腾的状态即可。

④ 与步骤③同时进行，搅打蛋黄与细砂糖。加入1/3量的③，充分搅拌后，再倒回锅内，开中火，用硅胶铲搅拌加热至82℃（英式奶油）。

⑤ 将三种调温巧克力放入碗内，④过滤后加入。用打蛋器从中央开始搅拌，渐渐搅拌至四周，最后整体搅拌均匀。

⑥ 加入香草精。用打蛋器大致搅拌，然后再用搅拌棒搅拌至产生光泽、丝滑的乳化状态。

组合

① 取下巧克力蛋糕上的烘焙用纸，然后将蛋糕烤上色的一面朝上放入贴好透明塑料纸的烤盘上。

② 用锯齿刀薄薄削去烤上色的部分，再切成大小与57cm×37cm的模具外周相吻合。套上模具。

③倒入香二翘豆甘纳许，用刮刀抹平。放入急速冷冻机内冷冻。

咖啡尚蒂伊鲜奶油

① 将材料放入碗内，用打蛋器搅拌。放入冰箱内冷藏一晚。

② 用打蛋器搅打至8分发。

装饰

① 加热模具侧面，取出蛋糕，放入冰箱内融化至半解冻。用平刃刀切去四个边，然后再切成6cm×6cm的小块。

② 放入冰箱内彻底解冻，放上尺寸合适的黑巧克力片。将咖啡尚蒂伊鲜奶油装入装有12齿·8号锯齿裱花嘴的裱花袋内，在表面三处挤上双重花形。

③ 在巧克力屑上撒上可可粉，往蛋糕表面装饰上2片。撒上粗切的焦糖榛子。

薄薄的黑巧克力片是这款甜品的点睛之笔，让原本平淡无奇的口感立刻得到升华。黑巧克力片的厚度要适中，不能喧宾夺主。

É
clair breton
手指泡芙

手指形状的泡芙不仅有"用手拿着吃"的含义，还具有设计上的美感。如果泡芙太粗就失去了骨感，纤细的造型更显优雅，味道也更融合。如今市面上有很多造型复杂的甜点，但法国人最热衷的还是这种简约的手指泡芙。这款手指泡芙保留了传统手指泡芙表面上那层铮亮的焦糖软糖，而夹馅不再是传统的巧克力味和咖啡味，而是咸味焦糖奶油馅。香气四溢的泡芙与浓醇的焦糖充分融合。

从上至下
· 有盐黄油
· 焦糖软糖
· 泡芙
· 焦糖鲜奶油卡仕达

手指泡芙　　　　　　　　　　　　　　　　　　　　　　　　Éclair breton

材料（15cm×3cm·20个份）

泡芙 Pâte à chou

（20个份）

牛奶　lait…125g

水　eau…125g

黄油　beurre…112g

盐　sel…5g

细砂糖　sucre semoule…5g

低筋面粉　farine ordinaire…137g

全蛋　oeufs entiers…250g

蛋黄浆　dorure…适量

焦糖卡仕达奶油酱

Crème pâtissiere au caramel

牛奶　lait…470g

鲜奶油（乳脂含量35%）

crème fraîche 35% MG…115g

盐花　fleur de sel…0.3g

细砂糖　sucre semoule…140g

蛋黄　jaunes d'oeufs…140g

细砂糖　sucre semoule…60g

玉米淀粉　fécule de maïs…26.5g

低筋面粉　farine ordinaire…26.5g

有盐黄油　beurre…60g

焦糖尚蒂伊鲜奶油

Crème Chantilly au caramel

（容易制作的量）

细砂糖　sucre semoule…100g

鲜奶油（乳脂含量40%）

crème fraîche 40% MG…230g

焦糖鲜奶油卡仕达

Crème diplomate au caramel

（每个使用48g）

焦糖风味的卡仕达奶油酱

crème pâtissière au caramel…900g

焦糖尚蒂伊鲜奶油

crème chantilly au caramel…90g

焦糖软糖

Fondant au caramel

（容易制作的量）

软糖　fondant…300g

焦糖酱（P251）…30g

色素*…适量

　┌ 黄色色素…4g

　│ 红色色素…2g

　│ 绿色色素…1g

　└ 蓝色色素…0.1g

*色素全部混合均匀（容易操作的分量）。

有盐黄油　beurre salé…适量

盐花　fleur de sel…适量

金箔　feuille d'or…适量

做法

泡芙

① 请参照P173<泡芙>①～⑥的要领制作面糊。

② 将①装入装有口径15mm的圆形裱花嘴的裱花袋内，挤出长13.5cm、宽2.5cm的棒状。

*先将画好线（长13.5cm）的纸铺到烤盘上，再铺上硅胶垫，沿着线条挤出面糊。挤完后再抽出纸。

③ 叉子蘸上少许水，在棒状面糊表面轻轻按压出纹路。涂上一层蛋黄浆，放入急速冷冻机内冷冻。

*经过冷冻，面糊更稳定，烤制时膨胀效果更佳。

④ 放入关闭阻尼器，上火210℃、下火200℃的燃气烤箱烤4分钟。再打开烤箱阻尼器，上火160℃、下火130℃烤60分钟。连同硅胶垫一起放在冷却网上，室温下冷却。

焦糖卡仕达奶油酱

① 锅内放入牛奶、鲜奶油、盐花，煮至稍微沸腾。

② 铜锅内放入一半细砂糖，开小火加热，用打蛋器不时搅拌。四周的砂糖开始溶化时再加入剩下的细砂糖，待细砂糖全部溶化后把火开大一点，用打蛋器轻轻搅拌。加热至气泡静止、快要冒黑烟时关火。

③ 一边搅拌焦糖，一边保持一定的速度加入①（液体倒入时保持1cm的宽幅），搅拌至充分乳化。

*保持一定速度加入液体，可以让奶油成品更光滑。

④ 碗内放入蛋黄、细砂糖，用打蛋器搅拌均匀。加入玉米淀粉和低筋面粉，搅拌至没有干粉。

⑤ 加入1/4量的③，充分搅拌。然后再倒回③的锅内。

⑥ 开大火，用打蛋器一直搅拌加热。沸腾后用打蛋器切拌，加热至整体黏稠、富有光泽。

⑦ 关火，加入有盐黄油，搅拌至充分乳化。

*如果这一步骤乳化不充分，冷却后卡仕达奶油酱就不够细腻光滑。

⑧ 倒入烤盘内，大致摊平。裹上保鲜膜，放入急速冷冻机内急剧冷冻后，再放入冰箱内冷藏。

焦糖尚蒂伊鲜奶油

① 开火将鲜奶油煮至稍微沸腾。

② 铜锅内放入一半细砂糖，开小火加热，用打蛋器不时搅拌。四周的砂糖开始溶化时再加入剩下的细砂糖，待细砂糖全部溶化后把火开大一点，轻轻搅拌。加热至边缘开始冒小泡时，关火。

③ 一边搅拌②的焦糖，一边保持一定的速度加入①（液体倒入时保持1cm的宽幅），搅拌至充分乳化。

*保持一定速度加入液体，可以让奶油成品更光滑。

④ 再次开火加热熔化粘在锅壁上的焦糖。过滤后室温下冷却，然后放入冰箱内冷藏一个晚上。

⑤ 使用前，用搅拌机高速充分打发。

焦糖鲜奶油卡仕达

① 用硅胶铲将焦糖卡仕达奶油酱搅拌至光滑。

② 用打蛋器将焦糖尚蒂伊鲜奶油搅打至有尖角直立。加入①内，用硅胶铲快速搅拌均匀。

焦糖软糖

① 将软糖放入碗内，用手揉至光滑。

② 加入焦糖酱，用铲子搅拌均匀。

③ 为了呈现更诱人的焦糖色可加入适量的食用色素，用硅胶铲搅拌均匀。

④ 使用时，取适量放入微波炉内加热几秒钟，取出，用木铲充分搅拌，然后再加热至与体温相仿即可。

*如果只加热一次，软糖只有一部分熔化。因此，需多次加热、多次搅拌直至光滑均匀。

装饰

① 用裱花嘴在泡芙底部扎3个5mm的小洞。

② 将焦糖鲜奶油卡仕达装入装有口径5mm的圆形裱花嘴的裱花袋内，沿①扎好的小洞，挤满泡芙中心。

③ 将②的表面浸入加热过的焦糖软糖，提起。用手指从一端往另一端抹平焦糖软糖，厚度均匀，去掉多余的焦糖软糖。摆放到平盘内，室温下干燥10分钟。

④ 用黄油削皮刀将有盐黄油削成卷状，取一块摆放到③上。再装饰上两粒盐花和金箔。

蛋糕表面装饰上布列塔尼的特产有盐黄油屑。这种组合让焦糖的苦味与黄油的盐味变得更柔和。

Bacchus
巴克斯

顾名思义，"巴克斯"（酒神）是一款散发着浓郁酒香的甜点。优雅的科涅克白兰地混入朗姆酒后，味道和香气更加柔和。我个人非常喜欢散发着酒香的甜品，有时家里来了很多客人，一时准备不了太多种类甜品招待他们。这时如果让我选择只做一种甜品的话，深思熟虑后我肯定会选择做这款。巧克力软饼和甘纳许不仅加入了黑巧克力，还专门加入了可可酱，强烈的可可味中和了浓烈的酒味。用手铺满酒渍葡萄干，葡萄干也单独构成一层。为了突出巧克力软饼的厚度需吸满大量糖浆，与甘纳许相间重叠三层。有序的分层既是这款甜点的造型设计，也是这款甜点美味的关键。对过于简洁的造型人们总会想额外装饰点什么，而我引以为豪的装饰心得就是：留白是最好的装饰。过于追求与味道相匹配的美，往往会南辕北辙。

从上至下
· 巧克力黑色淋面
· 甘纳许
· 科涅克白兰地与朗姆酒糖浆
· 巧克力软饼
· 科涅克白兰地与朗姆酒渍葡萄干
· 甘纳许
· 科涅克白兰地与朗姆酒糖浆
· 巧克力软饼
· 科涅克白兰地与朗姆酒渍葡萄干
· 甘纳许
· 科涅克白兰地与朗姆酒糖浆
· 巧克力软饼

巴克斯 Bacchus

材料（57cm×37cm的模具·1个份）

科涅克白兰地与朗姆酒渍葡萄干
Cognac et rhum raisin

（使用300g）
葡萄干　raisins secs…1000g
科涅克白兰地　Cognac…250g
朗姆酒　rhum…250g

巧克力软饼
Biscuit moelleux chocolat

（57cm×37cm×高8mm的框架·3个份）
调温巧克力*（黑巧克力、可可含量
　55%）couverture noir…685g
可可酱　pâte de cacao…70g
黄油　beurre…730g
转化糖　trimoline…90g
蛋黄　jaunes d'oeufs…320g
蛋白*　blancs d'oeufs…570g
细砂糖*　sucre semoule…120g
干燥蛋白*　blanc d'oeufs en poudre…4.5g
杏仁粉　amandes en poudre…285g
糖粉　sucre glace…685g
低筋面粉　farine ordinaire…340g
*调温巧克力使用的是法芙娜公司生产的EQUATORIALE
NOIRE。
*蛋白提前充分冷藏。
*细砂糖与干燥蛋白提前混合备用。

科涅克白兰地与朗姆酒糖浆
Sirop à imbiber Cognac et rhum

科涅克白兰地　Cognac…235g
朗姆酒　rhum…115g
原味糖浆（P250）base de sirop…700g
*所有材料混合均匀。

甘纳许 Ganache

调温巧克力*（黑巧克力、可可含量
　61%）couverture noir…840g
可可酱　pâte de cacao…235g
榛子夹心巧克力*（黑巧克力）
gianduja de noisettes…360g
鲜奶油（乳脂含量35%）
crème fraîche 35% MG…840g
转化糖　trimoline…120g
科涅克白兰地　Cognac…68g
朗姆酒　rhum…35g
黄油　beurre…135g
*使用的是法芙娜公司生产的VALRHONA
EXTRA BITTER系列黑巧克力。
*榛果夹心巧克力使用的是法芙娜公司生产
GIANDUJA NOISETTE NOIR。

巧克力黑色淋面（P259）
glaçage miroir chocolate noir…适量
金箔　feuille d'or…适量

科涅克白兰地与朗姆酒渍葡萄干

① 葡萄干、科涅克白兰地、朗姆酒混合均匀，放入冰箱内腌渍2周以上（图1）。

巧克力软饼

① 调温巧克力、可可酱、黄油、转化糖隔热水加热至熔化，温度调整至约50℃。往中央倒入搅打均匀的蛋黄，打蛋器立在中央小幅度搅拌至乳化（图2）。

*巧克力的油份遇到蛋黄的水分会导致暂时水油分离，难以乳化。垂直握住打蛋器沿着碗底，画小圆圈式搅拌。这一步骤如果乳化不彻底，烤出的巧克力软饼表面会塌陷。

② 基本乳化至产生光泽后，打蛋器大幅度整体搅拌均匀（图3）。搅拌至黏稠、有光泽后，隔热水保持约40℃的温度。

③ 搅拌盆内放入蛋白、提前混合好的细砂糖与干燥蛋白，用搅拌机高速打发。搅打至尖角直立、产生光泽、呈现细腻的状态时，取下搅拌盆（图4），用打蛋器大致搅拌。

④ 往②内加入1/4量③的蛋白糖霜，用刮刀大致搅拌。

*相对于粉类，巧克力量较少，质地黏稠很难搅拌均匀。因此先往巧克力内加入1/4量的蛋白糖霜，混合均匀后，再加入粉类，就容易搅拌均匀了。

⑤ 在④内加入杏仁粉、糖粉、低筋面粉，用刮刀大致搅拌（图5）。

⑥ 分3次往⑤内加入剩下的蛋白糖霜，用刮刀搅拌均匀（图6）。搅拌至看不见蛋白糖霜即可。

⑦ 将57cm×37cm×高8mm的框架放在硅胶垫上，倒入⑥，抹平。取下框架（图7）。

⑧ 连同硅胶垫一并放入烤盘内，放入175℃的烤箱内烤约18分钟。连同硅胶垫一并放在冷却网上，室温下冷却。

⑨ 取下硅胶垫，放上57cm×37cm的模具，沿着模具内侧切软饼。其中一片烤上色的一面朝上放置到贴好透明塑料纸的烤盘上，再套上模具（图8）。

*巧克力软饼先用小刀插入，再用锯齿刀切。

甘纳许

① 调温巧克力、可可酱、榛子夹心巧克力隔热水加热至1/2量熔化。

② 锅内放入鲜奶油与转化糖，煮沸。加入①中，用打蛋器从中央开始搅拌，渐渐搅拌到四周，最后整体搅拌均匀（图9）。

③ 倒入容量较深的容器内，用搅拌棒搅拌至产生光泽、丝滑的乳化状态。倒回②的碗内。

④ 加入软化成发蜡状的黄油，用打蛋器搅拌，再用搅拌棒搅拌至产生光泽、丝滑的乳化状态。

⑤加入科涅克白兰地与朗姆酒，打蛋器从中央开始搅拌，渐渐搅拌到四周，最后整体搅拌均匀（图10）。再用搅拌棒搅拌至富有光泽、细腻的乳化状态（图11）。

组合

① 用毛刷往巧克力软饼上刷上350g科涅克白兰地与朗姆酒糖浆（图12）。

② 将甘纳许温度调整至35℃左右，称出1000g，倒在①上，用刮刀抹平。均匀撒上蘸干水分的科涅克白兰地与朗姆酒渍葡萄干。再用刮刀轻轻按压，将葡萄干埋入甘纳许内（图13）。

*当甘纳许温度低于35℃时，涂抹时容易出现水油分离。

③ 取一片巧克力软饼，烤上色的一面朝上放到②上（图14）。铺上烘焙用纸，再压上平板，从上往下轻轻用力按压使各层之间紧紧贴合。

*巧克力软饼容易破碎，可以将其放在烤盘上，再滑落到②上。

④ 取下烘焙用纸和平板，刷上350g糖浆，重复步骤②~③（图15）。再往巧克力软饼上刷上350g糖浆。

⑤ 倒入剩下的甘纳许，用刮刀抹平。再用平刃刀沿着模具边框抹一遍，去掉多余的甘纳许。放入急速冷冻机内冷冻，剩余的甘纳许放置备用。

⑥ 用燃烧器加热模具侧面，取出甜点。用燃烧器加热过的平刃刀切去甜点的四条边，分切成37cm×10.5cm的小块。

⑦ 将多余的甘纳许加热至与体温相仿。用刮刀往⑥较长的切面上涂上薄薄一层，室温下稍微凝固后再涂上一层。去掉表面多余的甘纳许，放入急速冷冻机内冷冻。

装饰

① 将网架放入烤盘内，再放上甜点。加热巧克力淋面，按照甜点侧面→上面的顺序整体淋上（图16）。

② 用刮刀抹平上面的巧克力，去除多余的淋面。清理干净甜点底部滴落的巧克力淋面。将甜点放到贴合透明塑料纸的烤盘上，放入冰箱内冷藏10分钟，稍微凝固。

③ 用燃烧器稍微加热平刃刀，切掉四边。再从上面2.5宽幅处往下切至甘纳许一层。再加热平刃刀，从侧面2.5宽幅处切入约5mm。

*为了避免葡萄干溢出，分两步分切。

④ 再次稍微加热平刃刀，彻底切开（图17）。用刀尖在蛋糕一角处放上金箔（图18）。

美味的关键是入口即化、风味醇厚的巧克力软饼。软饼中加入了风味浓郁的巧克力与可可酱，面糊质地较浓稠，如果不充分乳化会导致烤不透，糖浆也很难渗入。需要格外注意温度与搅拌方法，一步一步充分乳化。

appuccino
卡布奇诺

在法国时，每当我想好好放松一下，就会去街边随处可见的咖啡馆坐一坐。要上一杯意式浓缩咖啡（不加糖直接喝），彻底放松自己，一晃俩小时就过去了。如果肚子饿了还可以点些吃的。想要休闲放松，咖啡馆绝对是不二之选。"卡布奇诺"是我从咖啡馆的菜单上获得的灵感，是一款我非常喜欢的玻璃杯甜点。从味道和外观上都设计成卡布奇诺咖啡。用刚萃取的意式浓缩咖啡做成的咖啡果冻味道浓郁又水嫩，很有冲击力。再注入用浸泡过咖啡豆的牛奶做成的、散发着科涅克白兰地酒香的咖啡巴巴露亚，构成咖啡与牛奶混合的部分。尚蒂伊鲜奶油构成卡布奇诺的奶泡部分，像制作牛奶杏仁冻那样将榛子放入鲜奶油中煮，只留精华在鲜奶油中，味道堪称奢华。搭配入口即化的巧克力奶油，增强了咖啡与牛奶的厚重感和深邃感，令人回味无穷。

从上至下
· 糖衣杏仁
· 咖啡榛子尚蒂伊鲜奶油
· 咖啡巴巴露亚
· 咖啡果冻
· 巧克力奶油

材料 （口径5.5cm高7cm的玻璃杯·20个份）

咖啡榛子尚蒂伊鲜奶油
Crème Chantilly au café et à la noisette
（每个使用30g）
榛子（去皮） noisettes…200g
鲜奶油（乳脂含量35%）
crème fraîche…650g
咖啡豆（中度烘焙） grains de café…40g
调温巧克力A（白巧克力）*
couverture blanc…80g
调温巧克力B（牛奶巧克力、可可含量
　40%）* couverture au lait…40g
咖啡酱（P250） pâte de café…2.5g
*调温巧克力A使用的是VALRHONA IVOIRE、调温
巧克力B使用的是VALRHONA JIVARA LACTEE（均
来自法芙娜公司）。

巧克力奶油
Crème onctueuse au chocolat
（每个使用50g）
鲜奶油（乳脂含量35%）
crème fraîche 35% MG…300g
牛奶 lait…300g
肉桂棒 bâton de cannelle…1根
调温巧克力A（黑巧克力、可可含量
　61%）* couverture noir…110g
调温巧克力B（黑巧克力、可可含量
　66%）* couverture noir…165g

调温巧克力C（牛奶巧克力、可可含
　量40%）* couverture au lait…50g
蛋黄 jaunes d'oeufs…115g
细砂糖 sucre semoule…55g
肉桂粉 cannelle en poudre…2g
*调温巧克力A使用的是VALRHONA EXTRA
BITTER、调温巧克力B使用的是VALRHONA
GARAIBE、调温巧克力C使用的是VALRHONA
JIVARA LACTEE（均来自法芙娜公司）。

咖啡果冻 Gelée de café
（每个使用30g）
意式浓缩咖啡* café express…555g
细砂糖 sucre semoule…55g
速溶咖啡（粉末） café soluble…10g
吉利丁片 gélatine en feuilles…10g
*刚萃取好的意式浓缩咖啡。

咖啡巴巴露亚 Bavarois au café
（每个使用25g）
牛奶 lait…130g
咖啡豆（中度烘焙/研磨）
grains de café…25g
蛋黄 jaunes d'oeufs…63g
细砂糖 sucre semoule…45g
吉利丁片 gélatine en feuilles…5.5g
速溶咖啡 café soluble…1.5g
科涅克白兰地 Cognac…25g
鲜奶油（乳脂含量35%）
crème fraîche 35% MG…285g

糖衣杏仁（P255）
craquelin amandes…100g
调温巧克力（白巧克力）*
couverture blanc…40g
*调温巧克力使用的是法芙娜公司生产的
VALRHONA IVOIRE。

装饰用糖粉（P264） sucre décor…适量
肉桂粉 cannelle en poudre…适量

做法

咖啡榛子尚蒂伊鲜奶油
① 榛子放入160℃的烤箱内烤约12分钟，用刀切成2～4等分。
② 鲜奶油与①放入锅中，煮沸（图1）。关火，盖上锅盖焖10分钟。
③ 将一半的②放入料理机中断断续续地搅拌，榛子大致搅碎后用漏勺过滤（图2）。剩下的榛子按照同样方法处理。
*榛子打碎后会渗出涩味，粗略搅碎产生强烈风味即可。为了避免产生涩味，过滤时不要按压榛子，用硅胶铲轻轻敲击漏勺自然过滤即可。
④ 过滤后的液体称出430g，浸入冰水内冷却至与室温一致。
⑤ 加入咖啡豆，搅拌均匀（图3）。裹上两层保鲜膜放入冰箱内浸泡2日。浸泡1日后需搅拌一次。
⑥ 两种调温巧克力隔热水加热至2/3量熔化。
⑦ 用漏勺过滤⑤，称出430g（图4）。不足量的部分用鲜奶油（分量外）补足。开中火加热至咕嘟咕嘟沸腾。

⑧　往⑥内倒入60g⑦，用硅胶铲搅拌均匀（图5）。移入容量较深的容器内，用搅拌棒打成富有光泽、细腻的乳化状态（图6）。用硅胶铲清理干净粘在搅拌棒和容器内的面糊。

*先将巧克力与少量奶油混合，充分乳化后做成甘纳许的基底。这样分两步加入鲜奶油，可以乳化得更彻底。

⑨　再加入60g的⑦，用硅胶铲搅拌均匀。再次用搅拌搅打成富有光泽、细腻的乳化状态。

⑩　移入碗内，分3次加入剩下的⑦，每加入一次都需用打蛋器充分搅拌。

⑪　加入咖啡酱，用硅胶铲搅拌均匀（图7）。室温下冷却，再放入冰箱内冷藏一个晚上。

组合

①　碗内放入糖衣杏仁，少量多次加入回温过的巧克力，每加入一次都需要迅速搅拌让杏仁包裹上巧克力（图8）。

*最终搅拌至所有杏仁裹上薄薄的涂层即可。

②　将咖啡榛子尚蒂伊鲜奶油打至8分发，放入装有口径20mm的圆形裱花嘴的裱花袋内。将透明塑料纸铺在画好直径为5.5cm圆形的图纸上，挤出比圆小一圈的圆顶形（图9）。取出图纸。

③　撒上①（图10）。放入急速冷冻机内冷冻。

巧克力甜奶油

①　铜锅内放入鲜奶油、牛奶、肉桂棒，开火加热。沸腾后，关火，盖上锅盖焖5分钟。

②　三种调温巧克力隔热水加热至1/2量熔化。

③　再次煮沸①。

④　与此同时，碗内放入蛋黄、细砂糖和肉桂粉，用打蛋器搅打至细砂糖溶化（图11）。

⑤　在④内加入1/3量的③，用打蛋器充分搅拌。然后倒回铜锅内，中火加热，用硅胶铲不停搅拌，加热至82℃（英式奶油）。

⑥　过滤后加入②的调温巧克力内，用打蛋器从中央开始搅拌，渐渐搅拌至整体，最后搅拌均匀（图12·图13）。

⑦　移入容量较深的容器内，用搅拌棒搅拌至富有光泽、细腻的乳化状态。用漏斗往玻璃杯内倒入50g（图14），放入急速冷冻机内冷冻。

咖啡果冻

①　在刚萃取出的意式浓缩咖啡内依次加入细砂糖、速溶咖啡、吉利丁片，每加入一种材料都需要用硅胶铲充分搅拌融化（图15）。

②　浸入冰水内冷却至20℃。倒入漏斗内，往已加入巧克力奶油的玻璃杯内每个倒入30g（图16）。放入冰箱内冷却凝固。

咖啡巴巴露亚

① 碗内放入牛奶与咖啡豆，用硅胶铲搅拌混合。裹上两层保鲜膜放入冰箱内浸泡2日（图17）。浸泡1日后需搅拌一次。

② 过滤后称出130g。不足分量的部分用牛奶（分量外）补足。

③ 铜锅内放入②和速溶咖啡，开火，用硅胶铲搅拌加热至沸腾。

*用牛奶萃取出的咖啡比用水萃取的风味要淡很多，加入速溶咖啡是为了增强风味。

④ 与此同时，碗内放入蛋黄、细砂糖，用打蛋器搅打至细砂糖溶化。往③内加入1/3蛋液，用打蛋器充分搅拌（图18）。然后倒回铜锅内，开中火加热，用硅胶铲不停搅拌，加热至82℃(英式奶油)。

*为了避免过度加热，趁未达到82℃之前关火，利用余热加热。

⑤ 离火，加入吉利丁片，充分搅拌至溶化（图19）。用滤网过滤，嵌入冰水内冷却至约26℃。加入科涅克白兰地，搅拌均匀（图20）。

⑥ 将鲜奶油搅打至7分发，往⑤内加入1/3量，用打蛋器大致搅拌。再一边搅拌，一边加入剩下的鲜奶油，大致搅拌后，改用硅胶铲，充分搅拌均匀。为了避免搅拌不均匀，可以再倒回盛鲜奶油的碗内，用硅胶铲充分搅拌（图21）。

⑦ 倒入装有口径12mm的圆形裱花嘴的裱花袋内，往装入咖啡果冻的玻璃杯内每个加入25g（图22）。放入急速冷冻机内冷冻。

装饰

① 往冷冻过的咖啡榛子尚蒂伊鲜奶油上依次撒上装饰用糖粉和肉桂粉（图23）。

② 竹扦插到奶油顶端，再放到<咖啡果冻>⑦上，拔出竹扦（图24）。

榛子风味的卡布奇诺甜品的创意来自我在法国咖啡馆发现的一款榛子卡布奇诺咖啡。切碎的榛子放入奶油中焖煮后再用料理机搅打，榛子的风味会完全融入奶油中。

5

日常生活中的高品质

L'excellence tous les jours

法国的甜品店的营业时间一般开始于早晨7点钟。大部分法国人都会有特别中意的店，每天清晨睡眼惺忪地去家附近的甜品店里买回刚出炉热乎的、外皮松脆的面包，用它当早餐再好不过了。中午可以买一份三明治，如果肚子饿了还可以买一份没有任何装饰的点心或维亚纳面包，可以在公园、电车上吃或边走边吃。我在法国学习时非常羡慕"法国人的日常生活"，立志为大家提供更好的服务——也就是"日常生活中的高品质"，这也是我开设 Paris S'éveille 的初衷。

开店不是为了在用大理石装饰的华丽空间内，把甜点摆放得像是宝箱内的宝石，而是为身边亲近的人提供更高质量的甜点和面包。当他们肚子饿的时候，能吃到比平时更美味的食物，我就会倍感欣慰。饭馆不是每天都会去消费的地方，但是甜品店的价位较低，人们几乎天天都会光顾，能轻松买到高品质的甜品岂不是乐事。所以，我想努力提高自己制作各式糕点、面包、果酱的技艺，为大家呈现更高品质的商品。每一种甜品都需要一步一步精细完成，这些不断重复而积累出的经验也是我创作甜品的资本。

2013年我在凡尔赛开了一家甜品店，每天早晨7点半开门，这时想买刚出炉的面包和点心的顾客已经到了。与日本不同，无论早、中、晚，总有客人过来采购，让我深切体会到"糕点和面包与法国人的生活密切相关"。一年到头都是这幅光景。法国有周末家人团聚的文化习俗，这时甜品的销量可谓惊人。此外，像圣诞节、帝王节、复活节、母亲节等节日，都会举行隆重的庆祝仪式，当天店内甜品的销量也会骤增。这种理所应当的购买点心的习惯与历史、文化、风土息息相关。文化中本来就有点心、食物的一席之地，糕点师自然也不会一味追求标新立异，只需用法国最普通的食材制作点心即可。作为一名外国人，我深切体会到："没有比做法国点心更理所当然的事了。"

与此相比，虽说法式甜点已经渗透到日本社会了，但总感觉欠缺点什么。我自己也对那些标榜新潮的甜点和掀起讨论狂潮的店铺非常感兴趣。除了甜点铺，我还喜欢去那些特别的、非日常的餐馆，不仅感动于厨师的哲学与技艺，还能激励自己继续努力。但是能让我直接感受到"好"的都是与日常密切联系的甜点、料理和店铺风格。偶尔体验一下非日常，可以让人重新感受到日常的精彩。如果能一直制作出自然且能让人感受到高品质日常生活的甜点，法式甜点或许才算真正地渗透到日本社会中、融入了日本人的生活。我期待着这一天早日来临。

上：艾菲尔铁塔前的旋转木马　第二张：漂亮时髦的移动售货摊
第三张：老佛爷百货的圣诞树　第四张：菜市场

B

Bonnet

帽子

每年圣诞节来临时店里都会特意准备5款蛋糕。这5种蛋糕是圣诞节特供，其中3款大人小孩都可以吃，另外2款专供大人。有3款是树桩造型的蛋糕，另外2款是圆形或半圆形蛋糕。有时也会用大树为基础图案，再用巧克力装饰成驯鹿的角，做成别致的圣诞蛋糕。仿照毛绒绒的帽子制作而成的"帽子"蛋糕就是其中一款。模具是我自己设计的，专供特别订单。造型很别致，但美味才是王道。以包裹着榛子夹心巧克力与焦糖酱的松脆奶酥为基底，搭配上微苦的巧克力杏仁饼底、温和的杏仁巴巴露亚、丝滑的巧克力慕斯……寒冷的季节更需要味道醇厚的搭配，再点缀上黑樱桃的酸味和樱桃酒的香味。最后用杏仁热那亚海绵蛋糕屑装饰出蓬松、毛绒绒的感觉。肉桂的香味让人更深刻地感受到圣诞气息。

自上至下
白巧克力球
· 杏仁热那亚海绵蛋糕屑
· 巧克力慕斯
· 杏仁巴巴露亚
· 酒渍黑樱桃
· 巧克力杏仁饼
· 黑樱桃糖浆
· 杏仁巴巴露亚
· 黑樱桃果酱
· 黑樱桃糖浆
· 巧克力杏仁饼
· 奶酥薄脆
· 侧面装饰糖片

材料 （直径16cm、高12cm的帽子模具・5个份）

榛子巧克力奶酥

Pâte à crumbre aux noisettes et au chocolat

（容易制作的量）

调温巧克力（黑巧克力、可可含70%）*

couverture noir…78g

细砂糖　sucre semoule…180g

黄油*　beurre…180g

低筋面粉　farine ordinaire…180g

泡打粉　levure chimique…2.5g

榛子（带皮）*　noisettes…228g

*除了调温巧克力，其他材料放入冰箱内冷藏备用。

*调温巧克力使用的是法芙娜公司生产的VALRHONA GUANJA。

*黄油切成1cm见方的小丁。

*榛子放入160℃的烤箱内烤约15分钟，去皮后切碎备用。

巧克力杏仁饼

Biscuit amandes chocolat

（58cm×38cm×高1cm的框架・1个份）

蛋黄　jaunes d'oeufs…170g

全蛋　oeufs entiers…120g

糖粉　sucre glace…243g

杏仁粉　amandes en poudre…15g

蛋白*　blancs d'oeufs…245g

细砂糖　sucre semoule…105g

低筋面粉　farine ordinaire…80g

可可粉　cacao en poudre…80g

熔化的黄油　beurre fondu…80g

*蛋白提前冷藏备用。

黑樱桃糖浆　Sirop à imbiber griotte

酒渍黑樱桃的糖浆*

marinade de griottines…450g

*酒渍黑樱桃的糖浆（樱桃酒浸泡的黑樱桃）过滤备用。

黑樱桃果酱　Confiture de griotte

（容易制作的量。每份使用50g）

黑樱桃　griotte…500g

细砂糖A　sucre semoule…195g

细砂糖B*　sucre semoule…50g

NH果胶*　pectin…5g

*细砂糖B与NH果胶混合备用。

杏仁巴巴露亚　Bavarois au praliné

（每份使用265g）

牛奶　lait…207g

蛋黄　jaunes d'oeufs…108g

细砂糖　sucre semoule…135g

杏仁焦糖酱　praliné d'amandes…129g

榛子焦糖酱　praliné de noisettes…129g

吉利丁片　gélatine en feuilles…13.8g

鲜奶油（乳脂含量35%）

crème fraîche 35% MG…677g

巧克力慕斯　Mousse au chocolat

调温巧克力（黑巧克力、可可含量61%）*

couverture noir…630g

牛奶　lait…220g

鲜奶油A（乳脂含量35%）

crème fraîche 35% MG…220g

蛋黄　jaunes d'oeufs…90g

细砂糖　sucre semoule…45g

鲜奶油B（乳脂含量35%）

crème fraîche 35% MG…800g

*使用的是法芙娜公司生产的 'VALRHONA EXTRA BITTER' 系列黑巧克力。

奶酥薄脆

Fond croustillant de crumbre

榛果夹心巧克力A（牛奶）*

gianduja de noisettes…42g

榛果夹心巧克力B（黑）*

gianduja de noisettes…42g

榛子酱　pâte de noisettes…85g

榛子焦糖酱　praliné de noisettes…130g

熔化的黄油　beurre fondu…45g

榛子*　noisettes…65g

榛子与巧克力奶酥

Pâte à crumbre aux noisettes et au chocolat…350g

*榛果夹心巧克力A使用的是GIANDUJA NOISETTE LAIT、榛果夹心巧克力B使用的是GIANDUJA NOISETTE NOIR（二者均来自法芙娜公司）。

*榛子放入160℃的烤箱内烤约15分钟，去皮后切碎备用。

装饰糖片　Pastillage

（容易制作的量）

水　eau…30g

柠檬汁　jus de citron…20g

糖粉　sucre glace…500g

玉米淀粉　fécule de maïs…100g

吉利丁片　gélatine en feuilles…7.5g

食用色素*（黄、红、绿）

colorant (jaune,rouge, vert)…各适量

*食用色素用10倍量的樱桃酒溶化，按照黄8：红1：绿1的比例混合成焦糖色（泛黄的浅棕色）。

杏仁热那亚海绵蛋糕屑

Chapelure de génoise

（容易制作的量）

杏仁热那亚海绵蛋糕*

Génoise aux amandes…100g

*杏仁热那亚海绵蛋糕可使用P24"天堂"和P96"红松木"多余的面糊制作。削掉烤上色的一面后称重。

肉桂风味的杏仁热那亚海绵蛋糕屑

Chapelure de génoise à la cannelle

（容易制作的量）

杏仁热那亚海绵蛋糕*

Genoise aux amandes…100g

肉桂粉　cannelles en poudre…4g

*杏仁热那亚海绵蛋糕可使用P24"天堂"和P96"红松木"多余的面糊制作。烤上色的一面保留直接使用。

酒渍黑樱桃　griottines…300g

白巧克力球（P254）

boule chocolat blanc…5个

调温巧克力（白）*

couverture blanc…适量

*放在厨房用纸上吸干汁水。

*调温巧克力使用的是法芙娜公司生产的VALRHONA IVOIRE。

榛子巧克力奶酥

① 巧克力隔水加热至熔化。

② 其他材料全部放入食品搅拌机内，加入①断断续续地搅拌。将沾在搅拌棒和容器上的原料清理干净，一直搅拌至呈颗粒状，用手能捏成团的程度（图1）。

*搅拌过程中需多次将沾在搅拌棒和容器上的原料清理干净，直至搅拌均匀。

③ 移至平盘内，用手稍微整理摊平（图2）。裹上保鲜膜，放在冰箱内冷藏一夜。

④ 用网眼5mm的网筛过筛（图3），然后平摊在铺有油布的烤盘上。放入冰箱内充分冷却。

⑤ 放入170℃烤箱内烤8分钟左右。取出，再次摊平避免奶酥粘连，放入烤箱内再烤7分钟左右。然后取出放置于室温下冷却（图4）。

巧克力杏仁饼

① 将蛋黄与全蛋搅拌均匀，隔水加热至温度与体温相仿。

② 搅拌盆内放入①和杏仁粉、糖粉。用装好搅拌棒的搅拌机高速打发（图5）。搅打至蓬松、气泡细腻后，移入碗内。

③ 用另一个搅拌机将冷藏的蛋白高速打发。分别在搅打至4分发、6分发、8分发时依次加入1/3量的细砂糖，搅打成质地细腻、黏稠的蛋白霜。从搅拌机上取下，用打蛋器继续搅拌均匀。

*打发标准请参照P21<杏仁酥>②。

④ 取1/3量的蛋白霜加入②内，用硅胶铲大致搅拌（图6）。加入低筋面粉和可可粉（图7），大致搅拌后，再加入剩下的蛋白霜，搅拌均匀。

⑤ 取少量④加入约60℃的熔化的黄油内，用手持打蛋器充分搅拌均匀。然后再倒回④内，用硅胶铲搅拌至产生光泽（图8）。

⑥ 将58cm×38cm×高1cm的框架放到烘焙用纸上，倒入⑤，用刮刀抹平。

⑦ 脱模，连同烘焙用纸一并放到烤盘上。放入175℃的烤箱内烤约17分钟。连同烘焙用纸一并放到冷却网上，室温下冷却（图9）。

黑樱桃果酱

① 请参照P82<黑樱桃果酱>①~⑤制作，煮至糖度达65%Brix。倒入平盘内，裹上保鲜膜。室温下冷却后，再放入冰箱内冷藏。

杏仁巴巴露亚

① 铜锅内放入牛奶，煮沸。

② 同时，用打蛋器搅打蛋黄与细砂糖。

③ 往②内加入1/3量的①，用打蛋器充分搅拌。再倒回铜锅内，开中火，用硅胶铲搅拌加热至82℃（英式奶油）。

④ 关火，加入吉利丁片，搅拌至溶化（图10）。加入两种焦糖酱，搅拌均匀后过滤到碗内，再用打蛋器充分搅拌均匀。浸入冰水内冷却至26℃。

⑤鲜奶油打至7分发，取1/3加入④中，搅拌均匀（图11）。再加入剩下的鲜奶油，继续搅拌。为了避免搅拌不均匀，可以再倒入另一个碗内，继续充分搅拌（图12）。

组合1

①　用锯齿刀削去巧克力杏仁饼烤上色的一面，翻过来放置，用直径12cm和直径14cm的圆形模具压成圆饼（每份各使用1片·图13）。

②　将直径14cm、高7cm的圆顶形模具固定到圆形模具上。边缘留出5mm的空隙，摆满酒渍黑樱桃（图14），每个再分别淋上60g杏仁巴巴露亚。

③　用毛刷在直径12cm的巧克力杏仁饼的底面涂上黑樱桃糖浆，翻面，再将烤上色的一面涂满糖浆（每个使用40g）。

④　烤上色的一面朝上放置到②上，再盖上平整的圆盘轻轻按压，使各层之间紧紧贴合。倒入150g杏仁巴巴露亚，抹平（图15）。

⑤　用毛刷在直径14cm的巧克力杏仁饼的底面涂上黑樱桃糖浆，再均匀抹上50g黑樱桃果酱（图16）。

⑥　将抹果酱的一面朝下放置到④上，按照④同样的方法轻轻按压，使其紧紧贴合（图17）。再往巧克力杏仁饼上涂抹大量的黑樱桃糖浆，放入急速冷冻机内冷冻。

*直径14cm的巧克力杏仁饼的糖浆用量合计约50g。

⑦　将模具浸泡在热水内，旋转着脱模（图18）。放入急速冷冻机内冷冻（夹心）。

巧克力慕斯

①　调温巧克力隔热水加热至2/3量熔化。

②　铜锅内放入牛奶和鲜奶油A，开火加热至沸腾。

③　与此同时，碗内放入蛋黄、细砂糖，用打蛋器搅打至细砂糖溶化。

④　往③内加入1/3的②，用打蛋器充分搅拌。然后倒回铜锅内，开中火加热，用硅胶铲不停搅拌，加热至82℃（英式奶油）。

*为了避免过度加热，趁未达到82℃之前关火，利用余热加热。

⑤　将④过滤到①内。用打蛋器从中央开始搅拌，渐渐搅拌至整体，最后搅拌均匀（图19）。用搅拌棒搅拌至富有光泽、细腻的乳化状态（搅拌完成后约45℃）。移入碗内。

⑥　将鲜奶油B搅打至7分发，往⑤内加入1/4，用打蛋器充分搅拌。再一点点倒回剩下的鲜奶油，用打蛋器搅拌（图20）。改用硅胶铲，充分搅拌均匀。

组合2

①　将保鲜膜裹成圆形塞入模具内，上面放上帽子模具，固定（图21）。放入160g巧克力慕斯，用勺子背填满模具内侧（填满模具·图22）。放入急速冷冻机内半冷冻。

*按压时手指不要沾上面糊，模具使劲在保鲜膜上压出凹槽，将其牢牢固定住。

②　倒入150g巧克力慕斯。将组合做好的夹心倒置放入，用手按压夹心，使其与慕斯高度一致（低于模具边缘5mm·图23）。放入急速冷冻机内冷冻。

奶酥薄脆

①　将2种榛果夹心巧克力隔热水加热至熔化。榛子酱和榛子焦糖酱放入碗内，用硅胶铲充分搅拌。再挤入温度约45℃的熔化

的黄油，搅拌均匀。

② 加入切碎的榛子、榛子巧克力奶酥，搅拌均匀（图24）。

③ 往冷冻过的<组合2>上挤入150g的②，用刮刀抹平（图25）。把沾在模具边缘的面糊擦拭干净，放入急速冷冻机内冷冻。

装饰糖片

① 将水和柠檬汁加热至约40℃，加入溶化的吉利丁片，用硅胶铲搅拌均匀。

② 搅拌盆内倒入糖粉与玉米淀粉，再一点点倒入①，用装好搅拌棒的搅拌机低速搅拌成泥状（图26）。取出放到操作台上，用手揉至光滑柔软。撒上玉米淀粉（分量外），团成面团后，整理成正方形（图27）。

③ 往压面机上撒上少许玉米淀粉（分量外），将面团压成9mm厚的面坯并整理成长方形，再旋转90°，压成3mm厚的面坯。

④ 切掉四边，再分切成宽3.8cm的长条。按上印章，切掉周围多余的面（图28·图29）。撒上玉米淀粉，放置到平盘内，室温下干燥一整天。

*印章上的字母"P"是店名Pairs S'éveille的首字母。

⑤ 撒上糖粉（分量外），摆放在平盘内，喷上食用色素，营造出层次感（图30）。室温下干燥。

杏仁热那亚海绵蛋糕屑

① 用3mm网眼的网筛过筛杏仁热那亚海绵蛋糕（图31）。

② 均匀摊放到铺好烘焙用纸的烤盘上，放入110℃的燃气烤箱内烤约20分钟。中途需多次搅拌，使整体均匀干燥。室温下冷却。

肉桂风味的杏仁热那亚海绵蛋糕屑

① 杏仁热那亚海绵蛋糕无需削掉烤上色的一面，直接用3mm网眼的网筛过筛。加入肉桂粉，用手揉搓（图32）。

② 按照<杏仁热那亚海绵蛋糕屑>的步骤②烤制，再冷却。

装饰

① 把叉子插入甜点中央，将模具浸泡在热水内。甜品脱模后取下叉子，放到纸托上，再放入冰箱内解冻。

② 用手取一些肉桂风味的杏仁热那亚海绵蛋糕屑，涂满甜品的上部。

③ 再将杏仁热那亚海绵蛋糕屑涂满甜品的下部（帽檐部分）。放入平盘内，用手往帽檐上多抹上些杏仁热那亚海绵蛋糕屑，突出松软的质感（图33）。

*涂抹时注意茶色与白色蛋糕屑之间要界限分明。

④往白巧克力球上涂一层薄薄的熔化的调温巧克力。然后在杏仁热那亚海绵蛋糕屑内滚一圈，再用手涂满巧克力球（图34）。

⑤将温热的勺子放在甜品顶端（帽子顶）融化慕斯。粘上④的巧克力球，再放入冰箱内冷却凝固（图35）。

⑥用小刀刮去点心正面的帽檐部位，露出慕斯。装饰糖片背面抹上少量熔化的调温巧克力，贴到裸露的慕斯处（图36）。

杏仁热那亚海绵蛋糕屑很难粘到甜品表面，需要仔细、多次重复粘。因为要营造出毛绒绒的感觉，不要使劲按压蛋糕屑，静置片刻后，蛋糕屑吸满了甜品内的水分就不会脱落了。

*B*ûche baroque
巴洛克木柴

圣诞蛋糕的装饰一般都非常复杂，而这款"巴洛克木柴"无论外形还是味道都无比简约。细腻的巧克力慕斯中夹着加入大量朗姆酒的巴伐利亚奶冻，整体弥漫着幽深的香味，让人着迷。底上铺着一层酒心巧克力薄脆，口感酥脆，更添乐趣。再搭配未加入面粉的巧克力软饼，口感更丰富。从选材到搭配、口感，经过反复磨合终于成就了这款适合成人的圣诞蛋糕。

巴洛克木柴

Bûche baroque

[材料]（20cm×8cm×高7cm的三角慕斯模·6个份）

可可酒心巧克力薄脆
Pâte à gianduja cacao

（60cm×40cm的烤盘·1个份）

黄油*　beurre…150g

橙子皮（擦粗丝）

zestes d'orange…4个份

细砂糖　sucre semoule…220g

榛子粉　noisettes en poudre…220g

可可粉　cacao en poudre…75g

低筋面粉　farine ordinaire…150g

盐花　fleur de sel…8g

榛子酒心巧克力（黑）*

gianduja noisettes noir…290g

*黄油软化成发蜡状。

*榛子酒心巧克力使用的是法芙娜公司生产的 GIANDUJA NOIR。

巧克力软饼
Biscuit fondant chocolat

（60cm×40cm的烤盘·1个份）

黄油　beurre…252g

调温巧克力（黑巧克力、可可含量70%）*　couverture noir…252g

蛋黄　jaunes d'oeufs…132g

细砂糖A　sucre semoule…100g

蛋白*　blancs d'oeufs…252g

细砂糖B　sucre semoule…140g

*调温巧克力使用的是法芙娜公司生产的 GUANAJA。

*蛋白提前充分冷藏。

萨歇尔饼　Biscuit sacher

（60cm×40cm的烤盘·1个份）

杏仁膏生料　pâte d'amandes crue…200g

蛋黄　jaunes d'oeufs…200g

蛋白*　blancs d'oeufs…350g

细砂糖　sucre semoule…280g

干燥蛋白*　blanc d'oeufs en poudre…6g

可可粉　cacao en poudre…60g

*蛋白提前充分冷藏。

*干燥蛋白与部分细砂糖（一小撮）混合备用。

朗姆酒风味的巴伐利亚奶冻
Bavaroise rhum

（34cm×8cm×高6.5cm的三角形模具·3个份）

牛奶　lait…190g

鲜奶油（乳脂含量35%）

crème fraîche 35% MG…190g

细砂糖　sucre semoule…38g

蛋黄　jaunes d'oeufs…75g

吉利丁片　gélatine en feuilles…12g

朗姆酒　rhum…98g

鲜奶油（乳脂含量35%）

crème fraîche 35% MG…435g

黑巧克力慕斯
Mousse chocolat noir

调温巧克力（黑巧克力、可可含量61%）*

couverture noir…620g

牛奶　lait…218g

鲜奶油A（乳脂含量35%）

crème fraîche 35% MG…218g

蛋黄　jaunes d'oeufs…87g

细砂糖　sucre semoule…44g

鲜奶油B（乳脂含量35%）

crème fraîche 35% MG…793g

*调温巧克力使用的是法芙娜公司生产的 VALRHONA EXTRA BITTER。

焦糖咖啡淋面（P260）

glaçage au caramel café…适量

可可粒*　grué de cacao…适量

*使用的是法芙娜公司出品的 GRUE DE KAKAO。

*可可粒放入160℃烤箱内烤3分钟干燥。

做法

可可酒心巧克力薄脆

① 除了榛子酒心巧克力，其他材料全部放入搅拌盆内，断断续续搅拌至看不见干粉。

② 倒入贴好透明塑料纸的烤盘内，抹平表面。裹上保鲜膜。放入冰箱内冷藏一个晚上。

③ 用手轻轻揉面坯，揉至光滑后整形成四边形。旋转90°，用压面机压成3mm厚。

④ 放到铺好硅胶垫的烤盘上，放入170℃的烤箱内烤15分钟。室温下冷却。

⑤ 放入碗内，用擀面杖捣碎。榛子酒心巧克力隔水加热至熔化，倒入碗内，用硅胶铲搅拌均匀。

⑥ 放到贴好透明塑料纸的烤盘（60cm×40cm）上，用刮刀抹成薄片。放入急速冷冻机内冷却凝固。

⑦ 去掉塑料纸，用刀切成18cm×6.5cm的小块（每份使用1片）。放入冰箱内保存。

巧克力软饼

① 黄油与调温巧克力隔水加热至熔化，温度调整至约45℃。

② 蛋黄隔热水加热，用打蛋器搅拌加热至40℃。加入细砂糖A，搅拌至溶化。

③ 往①内加入②，用打蛋器从中央开始搅拌，渐渐整体搅拌至均匀乳化。

④ 蛋白用搅拌机高速打发。分别在搅打至4分发、6分发、8分发时加入1/3量的细砂糖B，搅打成质地细腻黏稠、尖角直立的蛋白霜。

*打发标准请参照P21<杏仁酥>②。

⑤ 在③内加入1/3的④蛋白霜，用打蛋器充分混合。再加入剩下的蛋白霜，用硅胶铲快速搅拌至看不见蛋白霜。

⑥ 将58cm×38cm×高1cm的框架放到烘焙用纸上，倒入⑤，抹平表面。

⑦ 取下框架，连同烘焙用纸一并放到烤盘上，放入175℃的烤箱内烤约18分钟。取下烤盘，放在冷却网上冷却。

⑧ 用平刃刀切掉四个边，再分切成34cm×6.5cm的小块（每份使用1/2片）。

萨歇尔饼

① 杏仁膏生料加热至与体温一致。蛋黄搅打均匀后，隔水加热至约40℃。

② 将杏仁膏生料放入搅拌盆内，再一点点加入1/2量的蛋黄液，用装好搅拌棒的搅拌机低速搅拌。蛋黄液加入1/3量和1/2量时，需暂停搅拌机，用硅胶铲清理干净沾在搅拌棒和搅拌盆内的面糊。

③ 搅拌均匀后，再一次性加入剩下的蛋黄液，高速搅拌。搅拌至蓬松、整体泛白即可。

④ 然后再按照"中速→中低速→低速"搅拌，搅拌至舀起面糊呈带状滴落后，移入碗内。

⑤ 另一个搅拌盆内放入蛋白、提前混合的干燥蛋白和细砂糖，用搅拌机高速打发。剩下的细砂糖分别在搅拌至4分发、6分发、8分发时加入1/3，搅打至尖角直立的状态。取下搅拌盆，用打蛋器搅拌均匀。

*打发标准请参照P21<杏仁酥>②。

⑥ 在④内加入1/3量的⑤蛋白霜，用硅胶铲搅拌均匀。加入可可粉，大致搅拌均匀后再加入剩下的蛋白霜，迅速搅拌均匀。

⑦ 将58cm×38cm×高1cm的框架放到烘焙用纸上，倒入⑥，抹平表面。

⑧ 取下框架，连同烘焙用纸一并放到烤盘上，放入175℃的烤箱内烤约18分钟。连同烘焙用纸一并放在网架上，室温下冷却。

⑨ 用平刃刀切掉四个边，再分切成34cm×3.5cm的小块（每份使用1/2片）。

朗姆酒风味的巴伐利亚奶冻

① 铜锅内放入牛奶和鲜奶油，开火加热至沸腾。

② 同时，碗内放入蛋黄、细砂糖，用打蛋器搅打至细砂糖溶化。

③ 在①内加入1/3的蛋黄液，用打蛋器充分搅拌。然后倒回铜锅内，开中火加热，用硅胶铲不停搅拌，加热至82℃（英式奶油）。

*为了避免过度加热，趁未达到82℃之前关火，利用余热加热。

④ 离火，加入吉利丁片，搅拌至溶化。过滤到碗内，浸入冰水内用硅胶铲不停搅拌冷却至约26℃。加入朗姆酒，搅拌均匀。

⑤ 将鲜奶油搅打至7分发，往④内加入1/3量的奶油，用打蛋器大致搅拌。再一点点加入剩下的鲜奶油，用打蛋器充分搅拌。为了不浪费残留在碗底的奶油，再将其倒回打发鲜奶油的碗内，用硅胶铲搅拌均匀。

组合1

① 将透明塑料纸分切成33.5cm×12cm，纵向对折。往34cm×8cm×高6.5cm的三角形模具内壁喷上少许酒精，将透明塑料纸紧紧贴上。

② 将朗姆酒巴伐利亚奶冻糊装入没有裱花嘴的裱花袋内，往①内挤入75g。

③ 将1片萨歇尔饼烤上色的一面朝下放置到②上。轻轻按压，使其紧紧贴合，放入急速冷冻机内冷冻。

④ 再往③上挤入230g朗姆酒巴伐利亚奶冻糊。将1片巧克力软饼烤上色的一面朝下放置。轻轻按压，使其紧紧贴合，放入急速冷冻机内冷冻。

⑤ 用燃烧器加热模具侧面，脱模。放到贴好透明塑料纸的烤盘上，放入急速冷冻机内冷冻。

⑥ 用稍微加热的平刃刀分切成长15.5cm的小块，再放入急速冷冻机内冷冻（夹心）。

黑巧克力慕斯

① 调温巧克力隔热水加热至1/2量熔化。

② 铜锅内放入牛奶和鲜奶油A，开火加热至沸腾。

③ 碗内放入蛋黄、细砂糖，用打蛋器搅打至细砂糖溶化。

④ 在③内加入1/3量的②，用打蛋器充分搅拌。然后倒回铜锅内，开中火加热，用硅胶铲不停搅拌，加热至82℃（英式奶油）。

＊为了避免过度加热，趁未达到82℃之前关火，利用余热加热。

⑤ 过滤到①内。用打蛋器从中央开始搅拌，渐渐搅拌至整体，最后搅拌均匀。

⑥ 移入容量较深的容器中，用搅拌棒搅拌至富有光泽、细腻的乳化状态。倒回⑤的碗内。

⑦ 将鲜奶油B搅打至7分发，往⑥内加入1/3量，用打蛋器大致搅拌。再一点点加入剩下的鲜奶油，用打蛋器充分搅拌。为了不浪费残留在碗底的奶油，再将其倒回打发鲜奶油的碗内，用硅胶铲搅拌均匀。

组合2·装饰

① 将黑巧克力慕斯装入没有裱花嘴的裱花袋内，往20cm×8cm×高7cm的三角慕斯模内挤入330g。用刮刀往内壁上抹上薄薄一层慕斯。

② 将<组合1>做好的夹心倒置放入，用手轻轻按压使其与慕斯等高。用刮刀刮平周围的慕斯，放入急速冷冻机内冷冻。

③ 将模具浸泡到温水内，取出后脱模。放到贴合透明塑料纸的烤盘上，放入急速冷冻机内冷冻。

④ 将网架放入烤盘内，再将③放到网架上。加热焦糖咖啡淋面，淋满③的表面。用刮刀去掉底部残留的淋面。

⑤ 可可酒心巧克力薄脆放到纸托上，再放上④。最后撒上可可粒，装饰上松球和叶子。

从上至下

· 焦糖咖啡淋面
· 黑巧克力慕斯
· 朗姆酒巴伐利亚奶冻
· 萨歇尔饼
· 朗姆酒巴伐利亚奶冻
· 巧克力软饼
· 可可酒心巧克力薄脆

_G_

alette des rois

国王饼

1月的法国到处都是国王饼的踪迹。确切地说，从1月6日的帝王节到月末都能吃到国王饼。糕点铺比圣诞节时更繁忙，从早到晚都忙着做国王饼。日本也有记录什么时节吃什么和果子的岁时记，但是却没有一款能让小孩、大人都一直狂热盼望的点心。作为一名糕点师，对法国人的这份传承无比羡慕。在巴黎工作时，我就暗下决心：等我回国自己开店时，一定要把简约而不简单的国王饼作为招牌商品。我做的这款国王饼，反向千层面皮中加入了更高比重的黄油，烤出来更酥脆。布丁粉散发着香草般甘甜的香气，让杏仁奶油更美味。烤得很薄可以提高奶油的存在感，饼皮质地也会更细腻。图案如果过于精美容易喧宾夺主，手绘出美观的图案即可，最终烤好后饼皮表面光润。希望我能推动"国王饼"时代的发展，让国王饼渐渐渗透到日本社会中，可以让更多的人品尝到。

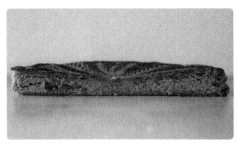 

自上至下
· 反向千层面皮
· 杏仁奶油
· 反向千层面皮

国王饼是帝王节使用的一款点心。谁吃到藏在奶油中的小瓷人谁就是当天的国王，会有好运相伴。

材料（直径25cm · 2个份）

◉反向千层面皮

Pâte feuilletée inversée

（容易制作的量 · 4个份）

黄油面皮　pâte de beurre

┌ 低筋面粉　farine ordinaire…150g

│ 高筋面粉　farine de gruau…150g

└ 黄油*　beurre…750g

外层面皮　détrempe

┌ 低筋面粉　farine ordinaire…455g

│ 高筋面粉　farine de gruau…245g

│ 水　eau…215g

│ 盐　sel…30g

│ 细砂糖　sucre semoule…50g

│ 白葡萄酒醋　vinaigre de vin blanc…5g

└ 黄油　beurre…200g

*材料全部提前放入冰箱内充分冷藏。

*用于制作黄油面皮的黄油需切成1.5cm的小丁。

*制作外层面皮的低筋面粉与高筋面粉一并放入搅拌

盆内，连盆一并放入冰箱内冷藏。

◉杏仁奶油

Crème frangipane

（每份使用300g）

黄油　beurre…180g

杏仁粉　amandes en poudre…180g

细砂糖　sucre semoule…180g

全蛋　oeufs entiers…135g

布丁粉　flan en poudre…22g

朗姆酒　rhum…30g

卡仕达奶油酱（P248）

crème pâtissière…225g

蛋黄浆　dorure…适量

原味糖浆（P250）　base de sirop…适量

做法

反向千层面皮

① 制作黄油面皮。将低筋面粉、高筋面粉、黄油放入搅拌盆内，用刮刀大致搅拌。然后用装好搅拌棒的搅拌机低速搅拌，搅拌至看不见干粉、产生少许黏性为止（图1）。

*需多次暂停搅拌机，用刮刀清理干净沾在搅拌棒和搅拌盆内的面糊。如果黄油没有充分搅拌均匀，折叠时会因为局部太硬导致面坯破裂。

② 将①放到展开的薄膜上，包裹住。用擀面杖将面坯擀成边长25cm的正方形（图2）。然后再展开薄膜，重新包裹住长25cm的正方形面坯。将擀好的面坯放到平盘内，放入冰箱内松弛一个晚上。

③ 制作外层面皮。盆内放入水、盐、细砂糖、白葡萄酒醋，搅拌至盐和糖溶化。放入冰箱内充分冷藏。

④ 将低筋面粉和高筋面粉放入冷却的搅拌盆内，再加入软化成发蜡状的黄油。用装有和面钩的搅拌机低速搅拌，搅拌至黄油与面粉均匀包裹，面坯呈黄色。

⑤ 一点点加入③（图3），大致搅拌后清理干净粘在和面钩和搅拌盆内的面糊。搅拌至看不见干粉，面坯能团成一团（图4）。

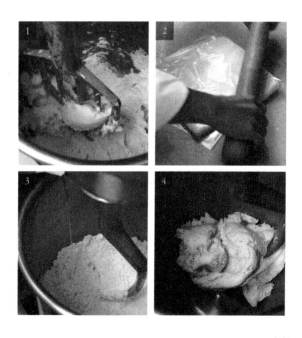

⑥　将面团放到操作台上，大致整理成正方形，包裹上薄膜，用擀面杖擀成边长20cm的正方形。打开薄膜，重新再裹上（图5）。用擀面杖擀成边长20cm的正方形后，放入冰箱内松弛30分钟。

⑦　将外层面皮从冰箱中取出，室温下放置10分钟左右。

⑧　往②的黄油面皮上多撒些干粉。用擀面杖从上面压着敲打整体。中央先保留原来的厚度，先将四个角擀开，擀成边长约35cm的正方形。

⑨　将外层面皮旋转45°放到黄油面皮上（图6），将黄油面皮的四个角往中央折叠，注意不要混入空气。面皮重叠的部分需用手指充分按压使其紧紧贴合（图7）。

⑩　用擀面杖敲击整体，然后再擀成约45cm×27cm的长方形，需擀出直角（图8）。

⑪　裹上薄膜，用擀面杖将面皮整理成厚度一致的面坯。放在网架上，再放入冰箱内松弛30分钟。

⑫　压面机上撒上干粉，多压几次面团，最后压成厚约9mm的面坯（约65cm×30cm）（图9）。

⑬　用刷子拂去多余的干粉，像叠被子一样折三次。用手整理好形状，再用擀面杖从上整体按压，使各层之间紧紧贴合。旋转90°用擀面杖按压除了对折线之外的三条边和对角线，整理成约30cm×25cm的大小（图10）。

⑭　撒上干粉，再将面坯放入压面机内压成厚约9mm的面坯（约70cm×27cm）（图11）。

⑮　再仔细折三次，用手整理好形状。再用擀面杖按压除了对折线之外的三条边和对角线，整理成约27cm×25cm的大小（图12）。裹上薄膜，放入冰箱内冷藏2个小时。

⑯　再重复一次步骤⑫～⑮（图13·图14）。

⑰　然后再重复一次步骤⑫～⑬（共进行5次3折），整理成边长25cm的正方形（图15）。裹上薄膜，放入冰箱内冷藏一个晚上。

＊如果将面坯擀成了椭圆形，需对着要擀制的方向，用擀面杖将中线擀薄，再用压面机压成长方形。

杏仁奶油

①　请参照P250＜杏仁奶油＞制作（图16）。

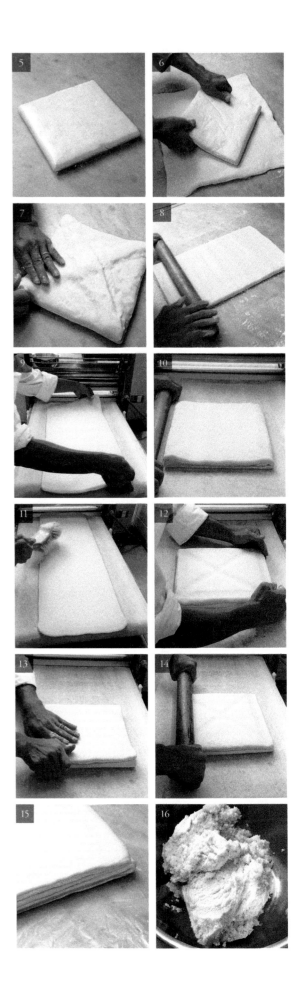

装饰

① 将反向千层面皮4等分，1份做一个国王饼（图17）。撒上干粉，用压面机多压几遍，压成厚9mm（约30cm×15cm）的面坯。旋转90°，撒上干粉，再压成厚3mm（约30cm×30cm）的面坯。

② 拿起面皮，大致整形后，旋转90°重新放置。用擀面杖擀成正方形。

③ 撒上干粉，用压面机将面皮压成厚1.75mm的面坯（约60cm×30cm）。中途提起面皮抖出波浪形，使其自然回缩。

④ 放到没有边框的烤盘上，再用手提起面皮抖出波浪形使其自然回缩（图18）。放入冰箱内松弛2个小时。

⑤ 用刀分切成两片（长约27cm的正方形）。其中一片用直径18cm和直径24cm的圆形模具确认大小和位置，用直径18cm的模具在面皮上压出印记（图19）。

*这时不需要改变面皮的方向。

⑥ 将杏仁奶油装入装有口径16mm的圆形裱花嘴的裱花袋内，沿着⑤的印记从外往内挤出漩涡状（1份约300g·图20）。用刮刀将奶油中央整理得稍微高一点。

⑦ 将小瓷人埋入奶油中（图21）。用毛刷在奶油周围的面皮上轻轻刷上水。

⑧ 将另一块面皮旋转90°盖在上面。用手从中央开始按压，排出空气，让奶油与面皮紧紧贴合（图22）。

*如果两块面皮按照相同方向重叠放置，烤制时两块面皮会朝同一方向回缩，容易变形。旋转90°可减轻变形。

⑨ 用手指按压奶油外侧的一圈，使其紧紧贴合。再压上直径21cm的圆形模具，用力按压使两块面皮紧紧贴合。再压上直径24cm的圆形模具，用切割刀切去多余的面皮（图23）。

*为了让切面更美观，一定要使用锋利的切割刀。

⑩ 用中指按压切面，为了让手指尖的侧面更美观，需用裁纸刀从下往上压出压痕（图24）。

*边缘容易开口，用手指按压再用刀压出压痕。

⑪ 在纸托上喷上水，将⑩倒置放上。表面涂上一层薄薄的蛋黄浆。放入冰箱内冷藏30分钟待表面干燥。再涂上一层蛋黄浆。

⑫ 连同纸托一并放到裱花台上，用裁纸刀从中间到外周画出4等分的印记。再按照印记，在外周画出12等分的弧线（图25）。

*使用裁纸刀既不会切到面皮，还能拭去蛋黄浆。

⑬ 朝着弧线的终点方向，在相邻弧线的中央附近画上曲线，画成叶子重叠的花纹（图26）。再描画出叶脉，边缘空白处画上直线。

⑭ 用竹扦在图案外圈插出6个排气孔、中央插出3个排气孔（图27）。放入冰箱内松弛一晚上。

*烤制前通过松弛可以让原本膨胀的部位自然回落，烤制更均匀。

⑮ 放到烤盘上，放入170℃的烤箱内烤约20分钟。中途取出，在烤盘四个角放上高3cm的模具，然后再将国王饼放到烤盘上（图28）。再继续烤30分钟，取下烤盘，继续烤20分钟。

⑯ 放到冷却网上，涂上薄薄一层原味糖浆（波美度30°Bé）。室温下冷却。

G

alette des rois pomme abricot
苹果杏子国王饼

随着时代的变迁，出现了各种味道、各种形状的国王饼。但是，作为一名外国人，我很怕去修改传统甜点配方，一直都按部就班地按照传统配方去做。有一天一名年轻的法国糕点师对我说："有必要这么固执吗？每年都做同样的甜点，很有趣吗？"说实话，这句话让我颇受震动。直到10年后我在凡尔赛开了一家甜品店，与法国联系更为密切后才彻底理解。这时，我不再抗拒创新，不再过于固守传统，基于传统的同时又像法国人那样自然面对甜点，一起向前迈进。"苹果杏子国王饼"正是一款从这种心境变化中诞生的、富有现代感的国王饼。用苹果温和的酸甜味与杏子强烈的酸味呈现新鲜苹果的口感，与杏仁奶油一并夹在千层面皮中间。苹果杏子国王饼棱角分明的四边形与表面描绘的几何图形也与传统国王饼对比鲜明。

从上至下
· 粗红糖
· 黄杏镜面
· 反向千层面皮
· 苹果馅
· 黄杏馅
· 糖水苹果
· 杏仁奶油
· 反向千层面皮

材料（边长16cm的正方形·2个份）

反向千层面皮

Pâte feuilletée inversée

*使用P161反向千层面皮的全量。

杏仁奶油　Crème d'amande

（每份使用140g）

黄油*　beurre…75g

赤砂糖　vergeoise…75g

杏仁粉　amandes en poudre…75g

全蛋*　oeufs entiers…55g

布丁粉　flan en poudre…10.5g

*黄油与全蛋分别提前放置于室温下。

苹果馅

Garniture de pommes

（每份使用80g）

苹果　pomme…1个

黄油　beurre…15g

细砂糖　sucre semoule…30g

肉桂粉　cannelles en poudre…0.1g

香草荚籽　pépins de vanille…1/3根份

黄杏馅

Garniture d'abricots

（每份使用25g）

黄杏（干）　abricots sec…50g

杏子利口酒*　liqueur d'abricot…12g

*使用的是Wolfberger的杏子利口酒。

糖水苹果　Compote de pomme

（每份使用70g）

苹果　pomme…1个

水　eau…100g

柠檬汁　jus de citron…5g

香草荚籽　pépins de vanilla…1/5根份

细砂糖A　sucre semoule…40g

水　eau…20g

细砂糖B　sucre semoule…40g

鲜奶油（乳脂含量35%）

crème fraîche 35% MG…20g

蛋黄浆　dorure…适量

原味糖浆（P250）　base de sirop…适量

黄杏镜面　napage d'abricot…适量

赤砂糖　vergeoise…适量

做法

杏仁奶油

① 用装好搅拌棒的搅拌机将黄油搅打成发蜡状，加入赤砂糖低速搅拌。

② 加入杏仁粉，低速搅拌至看不见干粉。全蛋液分5～6次加入，每加入一次都需充分搅拌至乳化。中途需暂停搅拌机，用硅胶铲清理沾在搅拌棒和搅拌盆内的奶油。

*为了避免水油分离，鸡蛋需提前放置于室温下，并多次少量加入。

*为了让奶油呈现出适度的轻盈感，无需高速搅拌至蓬松，用低速搅拌稍微蓬松即可。

③ 加入布丁粉，搅拌至看不见干粉。移入平盘内，抹平。裹上保鲜膜放在冰箱内冷藏一个晚上。

苹果馅

① 苹果去皮、去核，纵切成8等份，再横切成3等份。黄油熔化备用。

② 所有材料放入碗内，用硅胶铲搅拌均匀。摊放到硅胶垫上，放入200℃的烤箱内烤约15分钟。烘烤时，需每隔5分钟取出搅拌，让苹果与汁水混合均匀。

*之后还需要烘烤，因此无需完全烤透。

黄杏馅

① 将杏干切成4等份，淋入杏子利口酒，搅拌均匀。每天搅拌一次，放入冰箱内腌制一星期。

糖水苹果

① 苹果带皮对切开，去核，切成合适大小。

② 锅内放入①和水、柠檬汁、香草籽、细砂糖A，开中火煮约30分钟，煮软。

③　铜锅内放入细砂糖B，开火，用打蛋器搅拌做成焦糖。待糖液变色、开始冒气泡时关火。

④　依次加入温水和鲜奶油，搅拌均匀。

⑤　加入①，开中火，用铲子不时搅拌，煮干水分后，关火。用搅拌棒搅拌成光滑的果泥。

⑥　再次开火，用硅胶铲搅拌加热至糖度50%Brix。

⑦　移入平盘内，抹平，裹上保鲜膜。室温下冷却后，再放入冰箱内保存。

装饰

①　请参照P163"国王饼"＜装饰＞①~⑤擀反向千层面皮。放入冰箱内松弛约2小时。

②　将杏仁奶油与糖水苹果放置于室温下，杏仁奶油搅拌至光滑。然后按照2：1的比例混合均匀。

③　用刀将①切成边长20cm的正方形（每份使用2片）。其中一片用边长12cm的正方形模具压出印记。

④　将②装入装有口径14mm的圆形裱花嘴的裱花袋内，沿着③的印记从外往内挤成漩涡状。

⑤　将苹果馅和黄杏馅铺在奶油上。用手指轻轻按压埋入奶油内，用刮刀抹平表面。

⑥　用毛刷在奶油周围的面皮上轻轻刷上水。将另一块面皮旋转90°盖在上面。用手从中央开始按压，排出空气，让奶油与面皮紧紧贴合。

*如果两块面皮按照相同方向重叠放置，烤制时两块面皮会朝同一方向回缩，容易变形。旋转90°可减轻变形。

⑦　用手指按压奶油外侧的一圈，使其紧紧贴合。放入冰箱内松弛30分钟。

⑧　盖上边长18cm的正方形模具，用切割刀沿着模具外周切掉面皮。

*为了让切面更美观，一定要使用锋利的切割刀。

⑨　用中指按压切面，为了让手指尖的侧面更美观，需用裁纸刀从下往上压出压痕。

*边缘容易开口，用手指按压再用刀压出压痕。

⑩　往纸托上喷上水，将⑨倒置放上。表面涂上一层薄薄的蛋黄浆。放入冰箱内冷藏30分钟待表面干燥。然后再涂上一层蛋黄浆。

⑪　用裁纸刀在表面画出波状花纹，再用竹扦在花纹的脉络处插出6个排气孔。放入冰箱内冷藏松弛一个晚上。

*烤制前通过松弛可以让原本膨胀的部位自然回落，烤制会更均匀。

⑫　放到烤盘上，放入170℃的烤箱内烤约15分钟。中途取出，在烤盘四个角放上高3cm的模具，然后再将国王饼放到烤盘上，继续烤45分钟，取下烤盘，继续烤15分钟。

⑬　放到冷却网上，涂上薄薄一层原味糖浆。室温下冷却。

⑭　在波状花纹之间交错涂上加热的黄杏镜面。再撒上赤砂糖，用手指轻轻按压使其贴合。拂去多余的赤砂糖。

糖水苹果需要将水分充分煮干，一直煮至呈果酱状。否则千层面皮吸入多余的水分，会导致烤不透。

6

追求普遍性

A la recherche de la pâtisserie intemporelle

平面造型设计师横尾忠则先生说过"不要一味地追求新事物，我要看到力量感"。当时20多岁的我在一次设计比赛上听到这句话，着实震惊。什么才具有力量感呢？怎样才能做到呢？苦思冥想后也未寻得答案，我觉得回归甜品世界正是我探寻答案的方式。

每当我想要创作新品时，总想做一款复杂的或者标新立异的，然而扪心自问："我到底想做什么？"才发现脑中一片空白。每当看到最新流行或技术时，总是跃跃欲试。没有认清本质，一时为流行趋势所吸引，只不过是追求表面，并不会产生力量感。因此，我很迷茫。每当此时我就会重温经典点心或追溯经典点心的起源。我并非要表达"坚守经典""最终回归的仍旧是经典"之类的意思。只是经久不衰的甜点必然具备相应的力量感。在时代的洪流中，经典要不断与流行对抗，在相互争斗中弱者总会被淘汰，只用强有力的一方才会赢得胜利。回望甜点的历史，前辈们是如何处理原料的、如何制作的？我想从中拓展新思维。因此一直秉承着：对强大的经典心怀敬意，不断拓宽自己的思路，做出更美味的甜品。

此外，这么多年来我关注的不是过去也不是未来，而是一直在琢磨，如何让眼前这款甜点变得更美味。从法国归来后，我发现日本的法式甜点发生了翻天覆地的变化，经典味道与造型被打破，呈现出"进化"的趋势。我感到强烈的不适感，长时间苦闷于该如何适应这个大环境。当时，我正忙于准备在凡尔赛开店，有许多去法国的机会，可以与更多的法籍糕点师交流。他们说自己不会如此拘泥于原来的常识与概念，只是自然地对待现在流行的甜点，朝着未来不断前行。我一直固执坚守经典的做法在我回国十年后彻底改变，现在我可以很自然地以众所周知的甜点为突破口，按照自己的想法提出新方案。一部分人对于流行或新事物总会极力追捧，对此我心存疑惑，作为一名糕点师更应该按照自己的方法致力于甜点制作。如今重新审视法式甜点，我不会偏离它的框架，但也希望自己更灵活、更自由地前行。这时我才发现"力量感"就是从此而来。

真正意义上的好东西可能是既古老又崭新的，也可能是既不老又不新的。超越时空大放异彩的东西才是高质量、美好的。这应该就是普遍性吧。无论是甜点还是餐馆，有力量的店铺经过10年、20年仍不会失色，依旧熙熙攘攘。开这样的店、做这样的甜点正是我今后的追求。

右上：
"吉报"的意思。巴黎地铁9号线Bonne Nouvelle 站。
右下：Gare Saint-Lazare 车站的摆件 "L' heure peur tous"。
左上：Garcon咖啡馆
左下：Gare Saint-Lazare 车站站台

Il est cinq heure.
Paris s'é veille.

Saint-Honoré d'été

圣奥诺雷泡芙

Paris S'éveille已经开业十年了，2013年还在巴黎凡尔赛开设了分店，开店让我感到了时光的流逝与经验的积累。同时，我也渐渐打破了"法式甜品应该如此"的执念，开始思考并尝试按照自己的想法与风格开发新的甜品。我迈出的第一步就是"圣奥诺雷泡芙"。

与传统的圣奥诺雷泡芙不同，底部铺了一层挞皮当基底，用散发着夏日气息的芒果慕斯和芒果酱替代吉布斯特奶油和外交官奶油。中间塞满了百香果奶油，上面再挤上一层椰子香草风味的尚蒂伊鲜奶油。在此之前，我对圣奥诺雷泡芙的改良仅限于使用与传统味道相近的焦糖、糖衣杏仁、咖啡等，这次全新的口味对于保守的我来说真是极大的颠覆。外观上保留了圣奥诺雷泡芙的基本要素，但也有很大创新——做成了正方形。这是一款打破常规、突破自我的创新型甜品。

从上至下
· 芒果
· 酸橙与柠檬皮
· 椰子香草尚蒂伊鲜奶油
· 芒果慕斯
· 芒果酱
· 芒果
· 芒果慕斯
· 达克瓦兹
· 挞皮
· 侧面是酥皮泡芙与百香果卡仕达奶油酱

材料 （约14cm×14cm·2份）

椰子香草尚蒂伊鲜奶油
Crème Chantilly à la noix de coco et à la vanille

鲜奶油（乳脂含量35%）
crème fraîche 35% MG…315g

香草荚　gousse de vanille…1/2根

调温巧克力（白巧克力）*
couverture blanc…92g

椰子利口酒*　liqueur dela noix de coco…65g

椰子糖浆*　sirop à la noix de coco…32g

*调温巧克力使用的是法芙娜公司生产的
VALRHONA IVOIRE。

*椰子利口酒使用的是MALIBU、椰子糖浆使用的是
MONIN。

泡芙酥皮　Pâte à sutreusel
（直径2.4cm、约300个份）

黄油　beurre…100g

赤砂糖　vergeoise…125g

低筋面粉　farine ordinaire…125g

泡芙　Pâte à chou
（直径4.5cm、约150个份）

牛奶　lait…250g

水　eau…250g

黄油*　beurre…225g

盐　sel…10g

细砂糖　sucre semoule…10g

低筋面粉　farine ordinaire…275g

全蛋　oeufs entiers…500g

*黄油切小片备用。

挞皮　Pâte à sucrée
（P82。边长12cm的小块×6片、每片使
用50g）…约300g

芒果酱　Gelée de mangue
（37cm×28.5cm的模具·1个份）

芒果酱　purée de mangue…480g

橙子酱　pâte d'orange…130g

柠檬汁　jus de citron…30g

细砂糖　sucre semoule…95g

吉利丁片　gélatine en feuilles…12.5g

椰子达克瓦兹
Biscuit dacquoise à la noix de coco
（57cm×37cm×高8mm框架·1个份）

蛋白*　blancs d'oeufs…300g

细砂糖　sucre semoule…100g

杏仁粉　amandes en poudre…130g

糖粉　sucre glace…270g

椰丝　noix de coco râpé…140g

*蛋白提前充分冷藏。

芒果慕斯　Mousse à la mangue
（37cm×28.5cm的模具·1个份）

芒果酱　purée de mangue…616g

细砂糖　sucre semoule…126g

吉利丁片　gélatine en feuilles…12.5g

樱桃酒　kirsch…18g

橘味利口酒*　liqure d'orange…6g

鲜奶油（乳脂含量35%）
crème fraîche 35% MG…610g

*橘味利口酒使用的是liqure d'orange。

百香果卡仕达奶油酱
Crème pâtissiere passion

卡仕达奶油酱（P248）
Crème pâtissière…600g

百香果奶油
crème fruit de la Passion…600g

┌百香果泥
│purée fruit de la Passion…360g
│蛋黄　jaunes d'oeufs…108g
│全蛋　oeufs entiers…67g
│细砂糖　sucre semoule…116g
│吉利丁片　gélatine en feuilles…3.5g
└黄油　beurre…130g

芒果（果肉）*　mangues…330g

装饰用糖粉（P264）sucre décor…适量

黄杏果酱　confiture d'abricot…适量

柠檬皮（擦粗丝）
zestes de citron…适量

酸橙皮（擦粗丝）
zestes de citron vert…适量

镜面果胶　nappage neutre…适量

*芒果切成1cm的小丁。

椰子香草尚蒂伊鲜奶油

① 请参照P74<椰子香草尚蒂伊鲜奶油>①~⑧的要领制作奶油。放入冰箱内冷藏24小时。

② 用装有搅拌棒的搅拌机高速打发，搅打至稍微黏稠后，取下搅拌盆。改用手持打蛋器搅拌。然后再用搅拌机搅打至6分发（图1）。

泡芙酥皮

① 搅拌盆内将放入软化成发蜡状的黄油、赤砂糖，用装好搅拌棒的搅拌机低速混合均匀（图2）。

② 加入低筋面粉，搅拌至看不见干粉（图3）。中途需清理干净粘在盆内的面粉。

③ 轻轻揉成团放到平盘内，用手压成厚2cm的饼状。裹上保鲜膜，放入冰箱内松弛一个晚上。

④ 撒上干粉，一边修整裂痕，一边整理成四边形（图4）。不时撒上干粉，用压面机压成厚1.75mm的薄饼。

⑤ 放到铺好烘焙用纸的烤盘上，用直径2.4cm的圆形模具压出圆形（图5）。不用抠出圆饼，直接放入冰箱内冷藏。

*面坯非常易碎，不要用力撕扯。

泡芙

① 锅内放入牛奶、水、黄油、盐、细砂糖，开大火加热。

② 沸腾后关火，加入全部低筋面粉（图6）。用木铲迅速、用力搅拌成面糊（图7）。

③ 开中火，边搅拌边加热。加热至锅底粘上面糊铲不下来时，关火（图8）。

④ 放入搅拌盆内，用装好搅拌棒的搅拌机低速搅拌，散热。

⑤ 预留出1/8量的全蛋液，剩余的全蛋液分6次加入，每加入一次都需搅拌均匀（图9）。全蛋液第4次和第6次加入前，需暂停搅拌机，用硅胶铲清理干净粘在搅拌棒和搅拌盆上的面糊（图10）。

*预留的全蛋液用于调整面坯硬度。

⑥ 取下搅拌盆，用硅胶铲整体搅拌。搅拌到舀起时面糊光滑滴落，残留在硅胶铲上的面糊呈三角形（图11）。如果面糊过硬，可以加入预留的全蛋液调整硬度。

⑦ 装入装有口径10mm的裱花嘴的裱花袋内，挤出直径3.2cm的圆形（图12）。放入急速冷冻机内冷冻。

*将画好直径为3cm圆形的图纸铺到烤盘上，然后再铺上硅胶垫。按照图纸挤出面糊。最后取出图纸。

挞皮

① 请参照P82<挞皮>①~④制作面坯。

② 将面坯放到操作台上，用手轻轻揉面团，揉至光滑后整形成四方形。再旋转90°用压面机压成厚2.75mm的面坯。

③ 放入烤盘内，用平刃刀切成边长12cm的正方形（图13）。放入冰箱内冷藏30分钟。

④ 摆放到铺好网状不沾布的烤盘内，放入170℃的烤箱内烤约14分钟。连同网状不沾布一并放到冷却网上，室温下冷却。

芒果酱

① 芒果酱与橙子酱加热至约40℃。加入细砂糖，用硅胶铲搅拌至溶化。

② 取1/6量的①一点点加入溶化的吉利丁片内，用硅胶铲搅拌均匀。然后再倒回①内，用硅胶铲搅拌（图14）。

③ 模具底部铺上透明塑料纸，用胶带固定。将模具放到铺好透明塑料纸的烤盘上，倒入②，用刮刀抹平表面（图15）。放入急速冷冻机内冷冻。

椰子达克瓦兹

① 请参照P75<椰子达克瓦兹>①~②制作面糊。

② 将57cm×37cm×高8mm的框架放在烘焙用纸上，将①的面糊倒入，抹平表面。

③ 脱模，连同烘焙用纸一并放到烤盘上，放入175℃的烤箱内烤20分钟。出炉，连同烘焙用纸一并放在冷却网上，室温下冷却。

④ 剥下烘焙用纸，用平刃刀切成与37cm×28.5cm的模具外周相吻合的尺寸（图16）。放入模具内。

*为了让达克瓦兹不留缝隙塞满整个模具，需切成与模具外周相一致的尺寸。

芒果慕斯

① 芒果酱加热至约40℃。加入细砂糖，用硅胶铲搅拌至溶化。

② 取1/6量的①一点点加入溶化的吉利丁片内，用硅胶铲搅拌均匀。然后再倒回①内，用硅胶铲搅拌。加入樱桃酒和橘味利口酒（图17）。

③ 鲜奶油打至8分发，取1/4量加入②内，用打蛋器充分搅拌。再倒回剩余的奶油内，搅拌均匀（图18）。为了彻底搅拌均匀，可以倒入另一个碗内，用硅胶铲彻底搅拌均匀（图19）。

组合

① 往铺好椰子达克瓦兹的模具内倒入半份芒果慕斯（700g），用刮刀抹平表面。

② 整体撒上芒果丁，用刮刀轻轻按压埋入慕斯内（图20）。放入急速冷冻机内冷却10~15分钟。

③ 将芒果酱脱模，放到②上，剥下透明塑料纸。用小刀戳出几个空气孔，再用刮刀按压，使其紧紧贴合（图21）。

④ 倒入剩下的芒果慕斯，抹平表面（图22）。端起烤盘往操作台上轻摔几下，展平慕斯，放入急速冷冻机内冷冻。

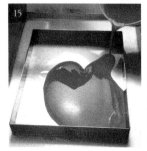

⑤ 将酥皮放到冷冻过的泡芙上（图23）。关闭阻尼器，放入上火210℃、下火200℃的燃气烤箱烤约4分钟。再打开阻尼器，上火150℃、下火130℃烤约50分钟（图24）。连同硅胶垫一并放在冷却网上室温下冷却。

⑥ 将挞皮摆放到平盘上，用喷砂枪喷上可可脂（分量外）。

⑦ 用燃烧器加热④的模具，脱模取出甜点。用稍微加热过的平刃刀切掉四边，再分切成边长8cm的小块。摆放到⑥上，室温下解冻（图25）。

百香果奶油

① 请参照P94<百香果奶油>①～④的要领制作。

百香果卡仕达奶油酱

① 分别用硅胶铲将两种奶油搅拌至光滑。

② 二者混合后，再用硅胶铲彻底搅拌均匀（图26）。放入冰箱内冷藏至奶油稍微有些硬度。

*过度搅拌会导致失去粘性。因为百香果奶油中加入了黄油，稍微冷藏一会儿就会产生硬度。

装饰

① 用裱花嘴在泡芙底部戳一个直径5mm的小孔。

② 将百香果卡仕达奶油酱装入装有口径5mm的圆形裱花嘴的裱花袋内，顺着①的小孔注满奶油（每个注入15g·图27）。拭去多余的奶油，摆放到平盘内。

③ 表面筛上装饰用糖粉。

④ 将加热过的黄杏果酱装入一次性裱花袋内，在泡芙侧面一处和底部中央挤上少量（图28）。黄杏果酱起到粘合剂的作用。在<组合>中解冻的芒果慕斯的侧面粘上10个泡芙（图29）。泡芙表面筛上装饰用糖粉。

⑤ 将椰子香草尚蒂伊鲜奶油打至8分发（图30），装入已装好圣奥诺雷泡芙专用裱花嘴的裱花袋内。斜着挤，覆盖住芒果慕斯（图31）。

⑥ 用擦丝器将柠檬皮和酸橙皮擦成粗丝，整体洒满。

⑦ 将切成1cm的芒果丁蘸上镜面果胶，用镊子随意摆放在表面（图32）。

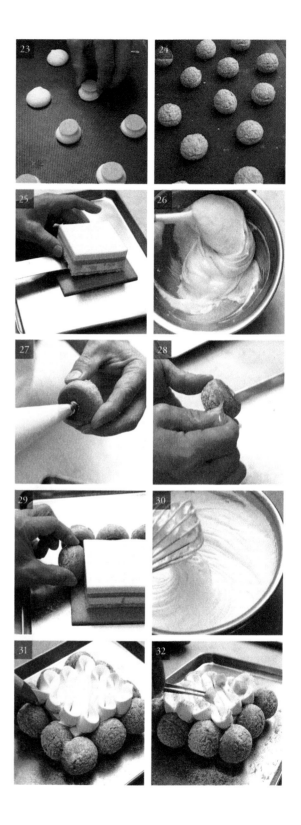

用百香果的酸味配合芒果温和的味道，这样更有冲击力。如果直接混合，芒果味一定会输给百香果味，因此先分别制作再组合。这样既能中和风味又能突出味道。

Éclair Forêt-Noire
黑森林泡芙

　　一种也被称为"新古典果子"的潮流——
"Classiques Revisites（经典回归）"于2010年左右席卷
甜品界。用自由重组的手法对大家熟知的甜品进行改造，
获得全新的感受，其实在我还在法国工作时这个想法就已经萌
芽。2013年冬天我决定以"圣奥诺雷泡芙"进行创新改革，于
是诞生了这款"黑森林泡芙"。与"手指泡芙"（P134）的多重
香草味不同，这款泡芙的构成更像小蛋糕。黑森林蛋糕最不能
缺少的就是酒香，因此除了黑樱桃还特别加入了散发着樱桃酒
味的酒渍黑樱桃，糖浆、樱桃酒奶油都散发着浓郁的酒香。中
间夹着一层巧克力杏仁饼，泡芙也是微苦的巧克力风味，旨在
统一口味。从侧面看层层分明特别美观，可以说是一款既经典
又摩登的甜点。

从上至下
·酒渍黑樱桃
·黑巧克力屑
·巧克力泡芙
·樱桃酒奶油
·酒渍黑樱桃糖浆
·巧克力杏仁饼
·香料风味的酒渍黑樱桃
·酒渍黑樱桃
·黑巧克力奶油
·巧克力泡芙

材料 （15cm×4cm · 20个份）

巧克力泡芙
Pâte à chou au chocolat

（15cm×4cm · 80个份）

巧克力泡芙

- 牛奶　lait…250g
- 水　eau…250g
- 黄油*　beurre…225g
- 盐　sel…5g
- 细砂糖　sucre semoule…10g
- 低筋面粉　farine ordinaire…250g
- 可可粉　cacao en poudre…38g
- 全蛋　oeufs entiers…500g

蛋黄浆　dorure…适量

*黄油切成2cm的小丁。

*低筋面粉与可可粉混合过筛。

巧克力杏仁饼
Biscuit amande au chocolat

（57cm×37cm× 高8mm的框架 · 1个份）

蛋黄　jaunes d'oeufs…168g

蛋白A　blancs d'oeufs…72g

杏仁粉　amandes en poudre…168g

糖粉　sucre glace…168g

蛋白B*　blancs d'oeufs…312g

细砂糖　sucre semoule…75g

低筋面粉　farine ordinaire…132g

可可粉　cacao en poudre…48g

熔化的黄油　beurre fondu…60g

*蛋白B提前充分冷藏。

黑巧克力奶油
Crème au chocolat noir

调温巧克力A*（黑巧克力、可可含量66%）couverture noir…130g

调温巧克力B*（黑巧克力、可可含量70%）couverture noir…130g

牛奶　lait…250g

鲜奶油（乳脂含量35%）
crème fraîche 35% MG…250g

细砂糖　sucre semoule…50g

蛋黄　jaunes d'oeufs…100g

*调温巧克力A使用的是GARAIBE、调温巧克力B使用的是GUANAJA，二者均来自法芙娜公司。

酒渍黑樱桃糖浆
Sirop à imbiber griottine au kirsch

香料风味的酒渍黑樱桃的糖浆

sirop de griottes macerées aux épices…160g

樱桃酒　kirsch…42g

原味糖浆（P250）base de sirop…42g

*材料混合均匀。

樱桃酒奶油
Crème kirsch

（每个使用45g）

卡仕达奶油酱（P248）
crème pâtissière…200g

吉士丁粉*"gelée dessert"…4.3g

樱桃酒　kirsch…22g

鲜奶油（乳脂含量35%）
crème fraîche 35% MG…405g

*使用的是DGF公司生产的吉士丁粉。已经加入了糖粉和淀粉，无需溶解，直接加入使用即可。

涂层用巧克力　pâte à glacé…适量
黑巧克力屑（P252）

copeaux de chocolat noir…适量

可可粉　cacao en poudre…适量

酒渍黑樱桃　griottines…适量

香料风味的酒渍黑樱桃（P264）
griottes macerées aux épices…350g

镜面果胶　nappage neutre…适量

做法

巧克力泡芙

① 锅内放入牛奶、水、黄油、盐、细砂糖，开大火加热。

② 煮沸后，关火。一次性加入低筋面粉和可可粉（图1）。用木铲迅速、用力搅拌成面糊。

③ 开中火，边搅拌边加热（图2）。加热至锅底粘上面糊铲不下来时，关火（图3）。

④ 放入搅拌盆内，用装好搅拌棒的搅拌机低速搅拌，散热。

⑤ 预留出1/8量的全蛋液，剩余的全蛋液分6次加入，每加入一次都需搅拌均匀（图4）。全蛋液第4次和第6次加入前，需暂停搅拌机，用硅胶铲清理干净粘在搅拌棒和搅拌盆上的面糊。

*加入可可粉后，过度搅拌会有油脂渗出。所以要一点一点慢慢搅拌。

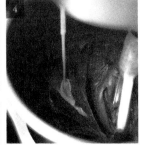

⑥ 取下搅拌盆，用硅胶铲整体搅拌。搅拌至舀起时面糊光滑滴落，残留在硅胶铲上的面糊呈三角形（图5）即可。如果面糊过硬，可以加入预留的全蛋液调整硬度。

⑦ 将⑥装入装有口径15mm的裱花嘴的裱花袋内，挤成长13.5cm、宽2.5cm的棒状。

*将画好长13.5cm线条的纸铺到烤盘上，然后再铺上硅胶垫。沿着线挤出面糊。最后取出纸。

⑧ 叉子稍微蘸点水，按压表面，压出纹路（图6）。再涂上一层蛋黄浆，放入急速冷冻机内冷冻。

*冷冻过的面坯更加稳定，烤制时膨胀效果更佳。

⑨ 关闭阻尼器，放入上火210℃、下火200℃的燃气烤箱烤3分钟。再打开阻尼器，上火165℃、下火130℃烤55～60分钟（图7）。连同硅胶垫一并放在冷却网上置于室温下冷却。

巧克力杏仁饼

① 将蛋黄与蛋白A搅拌均匀，隔热水加热至40℃左右。

② 搅拌盆内放入①和杏仁粉、糖粉。用装好搅拌棒的搅拌机低速大致搅拌，然后高速打发。搅打至蓬松后，改成中速→低速搅打。移入碗内（图8）。

*制作成泡沫细腻、不容易消泡的面糊。

③ 用另一个搅拌机将冷藏的蛋白B高速打发。分别在搅打至4分发、6分发、8分发时依次加入1/3量的细砂糖，搅打成质地细腻、黏稠的蛋白霜（图9）。

*打发标准请参照P21<杏仁酥>②。

④ 取1/3量的蛋白霜加入②内，用刮刀大致搅拌。加入低筋面粉和可可粉，搅拌均匀（图10）。再加入剩下的蛋白霜，搅拌均匀（图11）。

⑤ 取少量④加入约60℃的熔化的黄油内，用手持打蛋器充分搅拌均匀。再倒回④内，用刮刀搅拌至产生光泽（图12）。

⑥ 将57cm×37cm×高8mm的框架放到硅胶垫上，倒入⑤，用刮刀抹平。脱模，连同硅胶垫一并放到烤盘上，

⑦ 放入180℃的烤箱内烤15分钟（图13）。连同硅胶垫一并放到冷却网上，在室温下冷却。

黑巧克力奶油

① 将两种调温巧克力隔热水加热至1/2量熔化。

② 铜锅内放入牛奶和鲜奶油煮沸。

③ 与此同时，用打蛋器搅拌蛋黄与细砂糖。

④ 往③内加入1/3量的②，用打蛋器充分搅拌（图14）。再倒回②的锅内，开小火，用铲子搅拌加热至82℃（英式奶油/图15）。

*蛋黄水分含量较高，不要立即煮透，用小火慢慢加热。

⑤ 将④过滤到①内，用打蛋器从中央开始搅拌，渐渐搅拌至整体，最后搅拌均匀（图16）。

⑥ 倒入容量较深的容器内，用搅拌棒搅拌至产生光泽、丝滑的乳化状态（图17）。室温下冷却后，盖上盖子，放入冰箱内冷藏一个晚上。

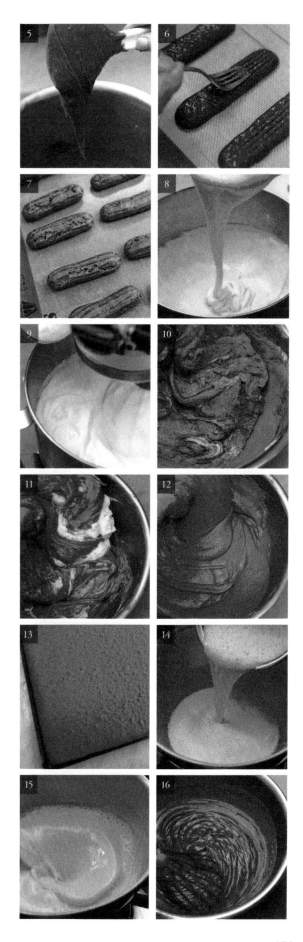

樱桃酒奶油

① 请参照P51<樱桃酒奶油>①~⑤的要领制作。

② 将画好泡芙尺寸（长13.5cm、宽4cm）的纸铺到烤盘上，再盖上一层透明塑料纸。将①装入装有口径12mm圆形裱花嘴的裱花袋内，沿着图纸上的线条先挤出外周，再挤上一条填满中央空隙（图18）。取掉图纸，放入急速冷冻机内冷冻。

装饰

① 用锯齿刀削去杏仁巧克力饼烤上色的一面。切去四边，再分切成12.5cm×2.5cm的小块（图19）。

② 借助高1.8cm的金属板，用锯齿刀分切巧克力泡芙（图20）。

③ 用刮刀将黑巧克力奶油搅拌光滑（图21），然后往底部的泡芙内每个填入45g。中央稍微凹陷。

④ 将香料风味的酒渍黑樱桃和酒渍黑樱桃摆放到厨房用纸上，吸干汁水。交错摆放到③的凹陷处（香料风味的黑樱桃5粒、酒渍黑樱桃4粒/图22）。

⑤ 将剩余的黑巧克力奶油装入装有口径9mm的圆形裱花嘴的裱花袋内，在④上挤出一条直线。

⑥ 用毛刷往①的杏仁巧克力饼的两面和侧面涂抹足量的酒渍黑樱桃糖浆（图23）。放到⑤上，轻轻按压使其粘合（图24）。

⑦ 摆放上樱桃酒奶油，轻轻按压使其粘合。放入冰箱内冷藏至表面产生霜。

⑧ 黑巧克力屑上稍微蘸一点涂层用巧克力，粘到顶部的泡芙表面。整体筛上可可粉（图25）。

*卷成一团的黑巧克力屑放在两端，弓形的黑巧克力屑放在中央。摆放位置可随意调整，呈现出动感。

⑨ 用厨房用纸蘸干酒渍黑樱桃的汁水，放入镜面果胶中，去除多余的果胶（图26）。在⑧黑巧克力屑之间用小刀削去一点泡芙，挤上少许涂层用巧克力，再放上酒渍黑樱桃（图27）。

⑩ 从冰箱内取出⑦，筛上可可粉（图28）。再放上⑨。

影响口味的关键是要在巧克力杏仁饼上刷满糖浆，但因为要夹在泡芙中间，糖浆的用量原则就是既不能让巧克力杏仁饼碎，也不能让糖浆溢出。

É

Éclair Mont-Blanc
蒙布朗泡芙

"蒙布朗泡芙"是我对法式甜品再构筑的第二款泡芙，诞生于2015年秋天。比"黑森林泡芙"（P176）稍晚一步，造型上也不同于传统泡芙，横切两半的泡芙只用了下半部分，没用上半部分。从奶油到蛋白霜仍旧延续了蒙布朗原有的味道与形式。栗子奶油使用的不是日本板栗而是西洋板栗。西洋板栗是野生的，味道更浓郁，非常适合制作蒙布朗。与柚子的搭配，让我想起在某家喜欢的旅馆吃到的栗子金团，加了柚子的盐梅散发着高雅、清爽的香味。加入少许柚子既不喧宾夺主又增添香味，有机会我还要再去拜访一次，寻找灵感（我很多时候会从和食与和果子身上获得灵感）。在泡芙的底部挤入少许柚子酱，用柚子的香味与酸味做点缀，再搭配上味道醇厚的栗子与香酥的泡芙，吃上一口回味无穷。

从上至下
· 蜜饯柚子皮
· 栗子奶油
· 香草风味的尚蒂伊鲜奶油
· 意式蛋白霜
· 柚子酱
· 栗子慕斯
· 蜜饯栗子
· 泡芙

材料（15cm×4cm·20个份）

糖水栗子 Compote de marrons
（容易制作的量）
煮栗子 marron cuits
　水 eau…1250g
　牛奶 lait…375g
　栗子（去皮）*…500g
水 eau…375g
细砂糖 sucre semoule…190g
香草荚 gousse de vanille…1根

意式蛋白霜
Meringue à l'italienne
（容易制作的量）
细砂糖A sucre semoule…250g
水 eau…62g
蛋白* blancs d'oeufs…100g
细砂糖B sucre semoule…50g
杏仁粉 amandes en poudre…30g
糖粉 sucre glace…适量
*蛋白提前充分冷藏。

柚子酱 Confiture de yuzu
（P188）…约160g

泡芙 Pâte à chou
（P172。15cm×4cm·20个份）…约750g

栗子慕斯 Mousse aux marrons
（每个使用20g）
栗子酱* pâte de marrons…110g
栗子奶油 crème de marrons…125g
科涅克白兰地 Cognac…35g
吉利丁片 gélatine en feuilles…4.5g
鲜奶油（乳脂含量35%）
crème fraîche 35% MG…350g
*栗子酱提前放置于室温下。

香草风味的尚蒂伊鲜奶油
Crème Chantilly à la vanille
（每个使用20g）
鲜奶油（乳脂含量40%）
crème fraîche 40% MG…400g
糖粉 sucre glace…12g
香草粉 vanille en poudre…3g

栗子奶油 Crème de marrons
（每个使用50g）
糖水栗子 compote de marrons…280g
栗子酱* pâte de marron…145g
黄油 beurre…56g
糖粉 sucre glace…6g
水饴 glucose…15g
*栗子酱提前放置室温下。

蛋黄浆 dorure…适量
蜜饯栗子* confit de marrons…160g
*切成5mm的小丁。

装饰用糖粉（P264） sucre décor…适量
蜜饯柚子皮（市售）
confits zests de yuzu…适量
金箔 feuilles d'or…适量

做法

糖水栗子
① 煮栗子。锅内放入水、牛奶、栗子，开火加热至沸腾，然后转小火保持沸腾煮10分钟。
*栗子煮碎了影响口感，一定要用小火慢慢煮。
② 静置片刻，用笊篱捞出，沥干水分（图1）。
③ 锅内加入水、细砂糖、香草荚，用硅胶铲搅拌加热至沸腾。
④ 将②的栗子放入碗中，再加入③（图2）。裹上保鲜膜，室温下冷却，再放入冰箱中腌渍一个晚上。

意式蛋白霜
① 铜锅内放入水和细砂糖A，开大火煮至118℃。
② 当①加热到90℃时，搅拌盆内放入蛋白和细砂糖B，用高速搅打至5分发。
③ 往②内一点点加入①，高速打发（图3）。全部加入后，改用低速搅拌，一直搅拌冷却至室温（图4）。
*如果一次性将糖浆全部加入5分发的蛋白中，糖浆会沉入碗底。此外，为了尽可能少产生气泡，需用低速搅拌至冷却，这样做出的蛋白霜细腻、黏稠。

④　取下搅拌盆，加入杏仁粉，用硅胶铲搅拌混合（图5）。

⑤　将④装入装有口径10mm的圆形裱花嘴的裱花袋内，沿着线挤成棒状。

*将画好11cm长线条的纸铺到烤盘上，然后再铺上烘焙用纸。沿着线挤出蛋白霜。最后取出纸。

⑥　轻轻撒上糖粉，放入上火120℃、下火100℃的燃气烤箱内烤1小时。关火，继续放在烤箱内干燥一个晚上（图6）。放入密封容器内保存。

泡芙

①　将泡芙面糊装入裱花嘴口径为15mm的裱花袋内，挤成长13.5cm、宽2.5cm的棒状。

*将画好13.5cm长线条的纸铺到烤盘上，然后再铺上硅胶垫。沿着线挤出面糊。最后取出纸。

②　叉子稍微蘸点水，按压表面，压出纹路（图7）。涂上一层蛋黄浆，放入急速冷冻机内冷冻。

*冷冻过的面坯更加稳定，烤制时膨胀效果更佳。

③　关闭阻尼器，放入上火210℃、下火200℃的燃气烤箱烤4分钟。再打开阻尼器，上火150℃、下火130℃烤60分钟（图8）。连同硅胶垫一并放在冷却网上，置于室温下冷却。

栗子慕斯

①　用装有搅拌棒的搅拌机高速搅拌栗子酱，搅拌成细腻的泥状。用硅胶铲清理干净粘在搅拌棒和盆壁上的栗子酱。

②　每次往①内加入1/4量的栗子奶油（图9），每加入一次都用中速搅拌至光滑。

③　科涅克白兰地加热至40℃，一点点加入②内，搅拌均匀（图10）。确认没有疙瘩后，移入碗内。

④　碗内放入溶化的吉利丁片，用刮刀舀一点③加入碗内，用打蛋器充分搅拌。再舀一点③加入，搅拌均匀。再倒回③内，用硅胶铲搅拌均匀（图11）。

⑤　鲜奶油打至6分发，每次往④内加入1/3量，每加入一次都需用硅胶铲搅拌均匀（图12·图13）。

香草风味的尚蒂伊鲜奶油

①　往鲜奶油内加入细砂糖和香草粉，搅拌机高速搅打至6分发。

②　使用前再用打蛋器充分打发（图14）。

组合

①　借助高2cm的金属板用锯齿刀削去泡芙烤上色的一面。用手指压平中心，做成杯子形（图15）。

*如果中心的泡芙坯影响压平效果，可以剔除少量坯子。

②　往①的底部放8块蜜饯栗子。

③　将栗子慕斯装入装有口径14mm的圆形裱花嘴的裱花袋内，挤满泡芙内（图16）。用刮刀抹平慕斯，中央稍微凹陷。

④　将柚子酱装入装有口径5mm的圆形裱花嘴的裱花袋内，挤入③的中央。放上意式蛋白霜，轻轻按压（图17）。

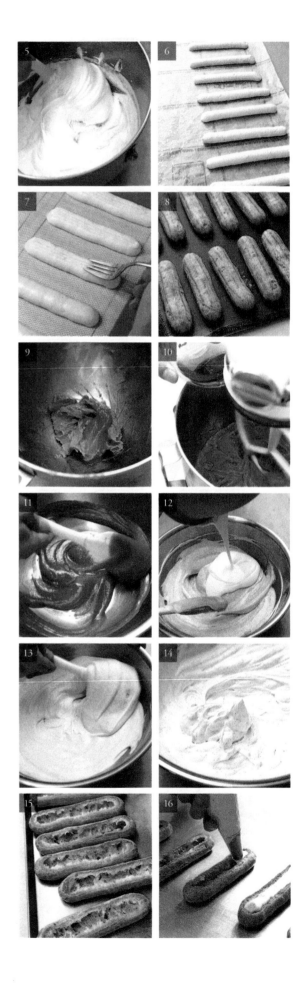

⑤ 用刮刀挖取适量香草风味的尚蒂伊鲜奶油，沿着意式蛋白霜涂抹。用刮刀从上至下抹平，去除多余的奶油，整理成山丘状（图18）。放入冰箱内稍微冷藏。

栗子奶油
① 糖水栗子沥干水分，过筛碾成泥（图19）。
② 用装好搅拌棒的搅拌机高速搅拌栗子酱，搅拌成光滑的泥状。用硅胶铲清理干净粘在搅拌棒和盆壁上的栗子酱。
③ 黄油软化成发蜡状，往②内加入一半的黄油，高速搅拌均匀。再加入剩下的黄油，继续搅拌均匀。加入糖粉和水饴，搅拌均匀（图20）。
④ 往③内加入①，高速搅拌混合。中途需用硅胶铲清理干净粘在搅拌棒和盆壁上的奶油，继续搅拌均匀（图21）。
⑤ 将④装入装有蒙布朗裱花嘴（圆孔裱花嘴）的裱花袋内。先挤出一点确认奶油是否能挤成形且不会断。
*如果容易断，可以再加入适量鲜奶油用搅拌机搅拌均匀，调整到合适硬度。
⑥ 在冷却的泡芙表面稍微斜着来回挤上奶油，需覆盖住表面（图22）。

装饰
① 轻轻筛上适量装饰用糖粉。
② 用镊子夹几片蜜饯柚子皮间隔放上去，再在泡芙前端装饰金箔（图23）。

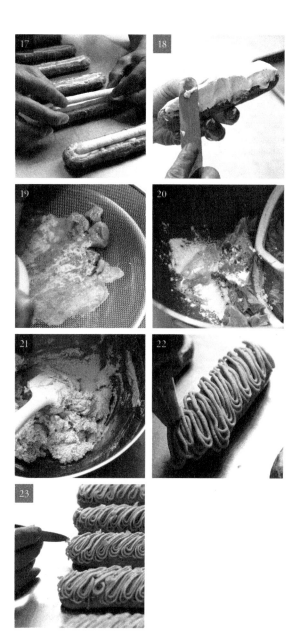

栗子奶油中加入了用自家制的糖水栗子做成的栗子泥，风味更浓郁。只加入栗子泥口感较干，甜味也太弱，因此又加入了栗子酱，再加入少许黄油和水饴增加湿润感。

Tarte pomme yuzu
苹果柚子挞

　　"苹果柚子挞"是一款诞生于2015年冬天的甜点。这是从摆盘甜点中获得灵感创作的全新造型的挞类甜品，将果酱或糖渍水果放在表面，给人一种新鲜水嫩的感觉。苹果切大块糖渍，与柚子酱一并放入烤箱内中慢慢烤透。在苹果汁中加入柚子酱，最后做出带有清凉感的果冻，放到挞的表面。制作苹果柚子冻的关键，是控制好苹果的水分含量。如果烤苹果时火候不足，果实中还残留多余的水分，加入吉利丁片后即使果冻暂时凝固了，过一会儿随着果实水分持续渗出，仍会导致制作失败。必须考虑成型效果是果冻制作的难点。除了加入吉利丁片还特意加入了果胶，双管齐下尽可能锁住水分，抑制水分渗出。加入果胶后，果冻还有一种与众不同的入口即化的口感，带给你更丰富的味蕾体验。

自上至下
· 糖浆镜面
· 苹果柚子冻
· 柚子风味的烤苹果
· 杏仁奶油
· 柚子酱
· 挞皮

材料（直径6.5cm·20个份）

柚子酱 Confiture de yuzu

（容易制作的量。每个使用8g）

柚子果酱　purée de yuzu…290g

细砂糖A　sucre semoule…150g

NH果胶　pectine…8g

细砂糖B　sucre semoule…50g

吉利丁片　gélatine en feuilles…3g

挞皮（P82）

Pâte sucrée…约400g（每个使用20g）

杏仁奶油（P250）

Crème frangipane…约480g（每个使用20g）

柚子风味的烤苹果

Pomme rôti au yuzu

苹果（富士）　pommes…1000g

细砂糖A　sucre semoule…84g

柚子果酱　purée de yuzu…210g

焦糖*　caramel…84g

┌水　eau…50g

│细砂糖B　sucre semoule…200g

└水饴　glucose…20g

香草荚　gousse de vanille…4/5根

*焦糖材料的量是容易制作的量。也可以使用100g。

苹果柚子冻

Gelée de pomme et de yuzu

（每个使用30g）

苹果（富士）　pomme…约3个*

柚子果酱　purée de yuzu…63g

柠檬汁　jus de pomme…6.2g

苹果汁（市售）　jus de pomme…125g

细砂糖A　sucre semoule…73g

NH果胶*　pectin…4g

细砂糖B*　sucre semoule…22g

吉利丁片　gélatine en feuilles…15.7g

苹果白兰地酒　Carvados…7.5g

*用料理机打碎后需用405g。如果不够，再增加苹果的用量。

*NH果胶与细砂糖B提前混合备用。

糖浆镜面（P258）

napage "sublimo"…适量

做法

柚子酱

① 铜锅内放入柚子果酱与细砂糖A，开大火，用打蛋器搅拌加热至沸腾。

② 往①内加入提前混合好的NH果胶与细砂糖B，充分混合（图1），煮至糖度65% brix。

③ 关火，加入吉利丁片，用硅胶铲搅拌溶化（图2）。

④ 倒入平盘内（图3），裹上保鲜膜。室温下冷却后，再放入冰箱内保存。

挞皮

①用手轻轻揉面团，揉至光滑后整成四方形。再旋转90°用压面机压成厚2.75mm的面坯。

②用大一圈的圆形模具（直径8.5cm）压成圆饼。放入冰箱内冷藏30分钟左右，待面坯硬度恰好。

③放入直径6.5cm、高1.7cm的圆形模具内（面坯整形→P265），放入冰箱内冷藏30分钟（图4）。

组合1

① 将塞满挞皮的圆形模具摆放到铺好网状不沾布的烤盘上。不用裱花嘴，将柚子酱装入裱花袋内，开小口，往每个模具内挤入10g，挤成细小的漩涡状（图5）。用刮刀抹平。

② 将杏仁奶油装入装有口径17mm的圆形裱花嘴的裱花袋内，往①内挤至8分满（图6）。

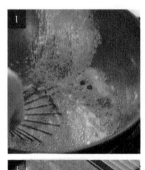
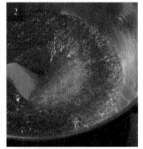

③ 放入170℃的烤箱内烤30分钟（图7）。

*可根据实际情况，中途脱模或者移至上层烤制。

④ 脱模，稍微散热后倒扣，室温下冷却。

柚子风味的烤苹果

① 制作焦糖。铜锅内放入水、细砂糖B、水饴，搅拌均匀，开火加热。待开始上色时，晃动铜锅，让整体均匀受热。加热至冒烟时关火，利用余热把糖液加热至呈现深褐色（图8）。

② 把糖液倒到硅胶垫上，尽可能薄一点。室温下凝固，切成合适大小（图9）。与干燥剂一并放入密封容器内保存。

③ 苹果去皮去核，纵切成8等份，摆放到容量较深的平盘上。依次撒上细砂糖A、柚子酱，再放上纵向剖开的香草荚，撒上②（图10）。

*为了避免烤苹果沾上香草纤维，香草荚纵向剖开。

④ 盖上盖子，放入180℃的燃气烤箱内烤1小时左右。取出，用刮刀逐一翻面。拿掉盖子，再烤1小时。室温下冷却，放入冰箱内冷藏一个晚上（图11）。

苹果柚子冻

① 苹果去皮去核，纵切成16等份.一点点放入料理机内打碎，用漏勺过滤。残留在漏勺内的苹果也要彻底过滤（图12）。

② 称出405g①的液体，放入碗内。再加入柚子酱、柠檬汁、市售苹果汁，用硅胶铲混合均匀（图13）。放入微波炉内加热至50℃左右。

③ 铜锅内放入半份细砂糖A，开中火。待四周开始熔化时，加入剩下的细砂糖，熔化到一定程度后用打蛋器搅拌均匀。上色后关火，用余热加热至呈深红褐色。

*关火后，整体沸腾冒小细泡，然后气泡又落下。

④ 将②一点点加入③（图14）。再次开火，用打蛋器搅拌煮沸。再加入已提前混合好的NH果胶和细砂糖，再搅拌加热1分钟。

⑤ 关火，加入吉利丁片，搅拌至溶化。移入碗内，把碗底浸入冰水内，时不时用硅胶铲搅拌，冷却至35℃。加入苹果白兰地搅拌均匀（图15）。

组合2·装饰

① 将苹果柚子冻倒入漏斗内，往直径6cm、高2.5cm的圆形模具内分别挤入少量。

② 用刮刀整齐摆放上3片柚子风味的烤苹果，轻轻压平。

③ 将剩余的苹果柚子冻沿着模具边缘倒入，距上缘5mm（图16）。放入急速冷冻机内冷冻。

④ 用手指轻轻按压<组合1>杏仁奶油的边缘，压平表面。

⑤ 将网架放到烤盘内，将③脱模，放到网架上，整体淋上糖浆镜面（图17）。清理干净沾在底部周围的镜面。用刮刀放到④上（图18）。

Éclair printanier
闪电泡芙

诞生于2016年春天的这款甜点，
最初是用自己喜欢的材料自由组合创作而
成的巧克力泡芙。整体色调接近春天，嫩
绿色的开心果和酸甜的黑樱桃果酱是主角。泡芙内塞满与
开心果非常搭的黑巧克力奶油。为了营造春天和煦的氛围，
泡芙表面放上了散发着酒香的酒渍黑樱桃，香料风味的酒
渍黑樱桃夹在中央。泡芙表面烤至酥脆是保证美味的关键
步骤。酥脆的口感让人心情大好，搭配充分打发、口感轻
盈的尚蒂伊鲜奶油。用惹人怜爱的食用花和酒渍黑樱桃做
装饰，营造出春天郊外的感觉。这种不影响食用的装饰方
式与金箔类似，不失为一种巧妙的表现方法。

材料（15×4cm·20个份）

泡芙 Pâte à chou
（P173）…约750g
蛋黄浆　dorure…适量

酥皮 Pâte à sutreusel
（容易制作的量）
赤砂糖　vergeoise…125g
食用色素（绿）　colorant vert…0.1g
食用色素（黄）　colorant jaune…0.2g
黄油　beurre…100g
低筋面粉　farine ordinaire…125g

黑巧克力奶油 Crème au chocolat noir
（P179）…约900g
（每个使用45g）

黑樱桃果酱 Confiture de griotte
（P82）…约160g
（每个使用8g）

香料风味的酒渍黑樱桃
Griottes macerées aux épices
（P264）…140粒

开心果风味的尚蒂伊鲜奶油
Crème Chantilly à la pistache
（每个使用50g）
开心果酱A*　pâte de pistache…24g
开心果酱B*　pâte de pistache…24g
鲜奶油A（乳脂含量40%）
crème fraîche 40% MG…853g
细砂糖　sucre semoule…100g
*开心果酱A来自Fugue公司、开心果酱B来自Sevarome公司。

酒渍黑樱桃　griottines…适量
黄杏果酱　confiture d'abricot…适量
食用花　fleur comestible…适量
镜面果胶　nappage neutre…适量

做法

泡芙
①　请参照P136<泡芙>①～③的要领制作面坯，冷冻保存。

酥皮
①　将食用色素加入赤砂糖中，用手掌搓拌均匀。请参照P175<酥皮>①～⑤的要领制作面坯，擀成厚1.75mm的薄饼，摆放到烤盘上。
②　分切成13cm×2cm的长方形。四角切成圆角，放入冰箱内松弛。
*面坯容易破损，动作尽量轻柔。

组合1
①　将酥皮放到冷冻的泡芙面坯上。
②　关闭阻尼器，放入上火210℃、下火200℃的燃气烤箱烤4分钟。再打开阻尼器，上火160℃、下火130℃烤60分钟。连同硅胶垫一并放在冷却网上室温下冷却。

开心果风味的尚蒂伊鲜奶油
①　将两种开心果酱放入搅拌盆内，加入少量鲜奶油，用硅胶铲搅拌均匀。再分3次加入剩下的鲜奶油，每加入一次都需充分搅拌均匀。
②　加入细砂糖，用搅拌机高度充分打发。

组合2·装饰
①　借助高1.8cm的金属板用锯齿刀将烤好的泡芙切开。
②　用刮刀将黑巧克力奶油搅拌至光滑。在底部的泡芙里每个抹上45g，中间留出凹槽。
③　将香料风味的酒渍黑樱桃放到厨房用纸上，吸干汁水。在②的凹槽处放7粒。
④　不用裱花嘴，将黑樱桃果酱装入裱花袋内，往③上每个挤8g，挤成一条直线。
⑤　将开心果风味的尚蒂伊鲜奶油装入10齿·8号裱花嘴的裱花袋内，在④上呈螺旋状挤7下（每个挤入50g）。
⑥　用小刀将上半部分的泡芙表面削掉两小块。然后盖到⑤上。
⑦　将酒渍黑樱桃放到厨房用纸上，吸干汁水。浸入镜面果胶内，去掉多余的镜面果胶，樱桃底部挤上少许黄杏果酱。放到⑥削过的地方。
⑧　食用花的底部也蘸上少许黄杏果酱，装饰到泡芙上。

自上至下
·食用花
·酒渍黑樱桃
·酥皮
·泡芙
·开心果风味的尚蒂伊鲜奶油
·黑樱桃果酱
·香料风味的酒渍黑樱桃
·黑巧克力奶油
·泡芙

Tantation fraise
草莓薄挞

我一直想做一款味道不那么厚重的挞，于是就有了这款富有现代气息的"薄挞"。2016年春天诞生的这款"草莓薄挞"秉承这一理念，尽可能表现出水果的新鲜感。草莓隔水加热，用渗出的果汁做成果冻状，混合果肉后放在甘纳许与草莓慕斯上面。每一层都很薄，味道与口感细腻且轻盈，拥有与传统挞类截然不同的魅力。鲜艳的红色与晶莹的镜面让外观更醒目。使用薄薄一层甘纳许的构想源于用酒心巧克力做成的极薄的巧克力冰糕。舌尖触碰的瞬间即刻融化，我非常喜欢这种细腻的口感。

从上至下
· 食用花
· 草莓尚蒂伊鲜奶油
· 蜜饯草莓
· 草莓风味的巧克力慕斯
· 草莓甘纳许
· 挞皮

草莓薄挞 Tantation fraise

材料 （直径8.5cm、30个份）

挞皮 Pâte sucrée
（P82）···约600g
（每个使用20g）

蜜饯草莓 Compote de fraise
（每个使用35g）
草莓（冷冻）* fraises···980g
细砂糖A sucre semoule···140g
NH果胶* pectine···10g
细砂糖B* sucre semoule···140g
吉利丁片 gélatine en feuilles···14g
*使用味道浓郁的草莓。
*NH果胶与细砂糖B提前混合备用。

草莓风味的巧克力慕斯
Mousse chocolat à la fraise
（每个使用20g）
调温巧克力A（黑巧克力、可可含量
67%）* couverture noir···90g
调温巧克力B（牛奶巧克力、可可含量
40%）* couverture au lait···54g
草莓酱 purée de fraise···105g
鲜奶油A（乳脂含量35%）
crème fraîche 35% MG···60g
黄油 beurre···14g
蛋黄 jaunes d'oeufs···28g
细砂糖 sucre semoule···28g
鲜奶油B（乳脂含量35%）
crème fraîche 35% MG···315g
*调温巧克力A使用的是MANJARI、调温巧克力B
使用的是VALRHONA JIVARA LACTEE，二者均来
自法芙娜公司。

草莓甘纳许 Ganache fraise
（每个使用15g）
调温巧克力（黑巧克力、可可含量
67%）* couverture noir···218g
鲜奶油（乳脂含量35%）
crème fraîche 35% MG···130g
转化糖 trimoline···35g
黄油 beurre···57g
草莓酒 eau-de-vie de fraise···17g
*调温巧克力使用的是法芙娜公司生产的
MANJARI。

草莓尚蒂伊鲜奶油
Crème Chantilly à la fraise
鲜奶油（乳脂含量40%）
crème fraîche 40% MG···150g
草莓酱 purée de fraise···30g
糖粉 sucre glace···7.5g

镜面果胶 nappage neutre···适量
食用花 fleur comestible···适量

做法

挞皮

① 用手轻轻揉面团，揉至光滑后整成四方形。再旋转90°用压面机压成厚2.25mm的面坯。

② 放在烤盘上，放入冰箱内冷藏30分钟左右，待面坯硬度恰好。

③ 用直径8.5cm的圆形模具压成圆饼，摆放到铺好网状不沾布的烤盘上。放入160℃烤箱内烤12～15分钟。置于室温下冷却。

蜜饯草莓

① 冷冻草莓直接放入碗内，撒上细砂糖A，裹上保鲜膜，放置一段时间。

② 将碗放入沸腾的热水中加热1小时（图1）。最好是到果汁渗出、草莓没有变软的程度。裹着保鲜膜在室温下冷却后，再放入冰箱内冷藏一个晚上。

③ 用漏勺过滤，果汁与果肉分别放置。直接放在漏勺内，控干果汁（图2）。果肉用小刀纵向对切开。

④ 将草莓果汁放入铜锅内，开中火加热。沸腾后，一点点加入提前混合均匀的果胶与细砂糖。用打蛋器搅拌，加热至糖充分溶化。

⑤ 再次煮沸后加入草莓果肉，用铲子搅拌。沸腾后再继续煮2分半钟，关火。加入吉利丁片，搅拌至溶化（图3）。移入碗内。

⑥ 在直径7.5cm、高1.8cm的圆形模具的底部裹上保鲜膜，用橡皮筋固定。摆放到烤盘上，用勺子在每个内舀入35g的⑤（图4）。放入急速冷冻机内冷冻。

*每份放入6～7块草莓果肉。

草莓风味的巧克力慕斯

① 两种调温巧克力隔水加热至1/2量熔化。

② 铜锅内放入草莓酱、鲜奶油A、黄油，搅拌加热至沸腾。

③ 用打蛋器搅打蛋黄与细砂糖，搅打至糖溶化。

④ 往③内加入1/3量的②，用打蛋器充分搅拌均匀。再倒回铜锅内，开中火加热，用硅胶铲搅拌加热至82℃（英式奶油）。

*稍微提前一些关火，不停搅拌利用余温加热。

⑤ 将④过滤到①内。用打蛋器从中央搅拌，渐渐搅拌到四周，最后整体搅拌均匀。

⑥ 移入容量较深的容器内，用搅拌棒搅打至富有光泽、细腻的乳化状态。再倒入碗内。

⑦ 鲜奶油B搅打至6分发后，取1/4量的鲜奶油加入⑥的碗内，用打蛋器充分搅拌。再倒回剩余的鲜奶油中，大致搅拌后，改用硅胶铲搅拌均匀。

⑧ 装入装有口径9mm的裱花嘴的裱花袋内，在冷冻的蜜饯草莓上每个挤入20g，呈漩涡状挤满模具。将圆形模具在操作台上轻轻摔打，抹平慕斯，放入急速冷冻机内冷冻（A）。

草莓甘纳许

① 调温巧克力隔热水加热至1/2量熔化。

② 鲜奶油与转化糖煮沸。加入①中，用打蛋器从中央开始搅拌，渐渐搅拌到四周，最后整体搅拌均匀。

③ 倒入容量较深的容器内，用搅拌棒搅拌至产生光泽、丝滑的乳化状态。

④ 加入发蜡状的黄油，用硅胶铲简单搅拌。再用搅拌棒搅拌至产生光泽、丝滑的乳化状态。加入草莓酒，继续用搅拌棒搅拌至光滑的乳化状态。

⑤ 在冷冻的A上每个放上15g④，用刮刀迅速抹平。放入急速冷冻机内冷冻。

*涂抹甘纳许动作一定要快。因为A冷冻过，甘纳许特别容易凝固。如果涂抹手法较慢，可能会导致水油分离。

组合

① 平盘贴上保鲜膜，将挞皮摆放在上面，再用喷砂枪喷上一层可可脂（分量外）。

② 取下＜草莓甘纳许＞⑤的保鲜膜，在蜜饯草莓的表面抹上一层薄薄的镜面果胶。用手温热模具，脱模，叠放到①上。

草莓尚蒂伊鲜奶油

① 所有材料放入碗中，用打蛋器充分打发。

装饰

① 茶匙稍微加热，舀上一勺草莓尚蒂伊鲜奶油整理成肉丸形，摆放到甜点上。最后装饰上食用花。

从上至下
· 马鞭草叶
· 白桃果酱
· 白桃慕斯
· 马鞭草巴伐利亚奶冻
· 久贡地

材料（直径7cm高4cm的半球形模具·24个份）

久贡地 Biscuit Joconde

（57cm×37cm×高1cm的框架·1个份）

全蛋　oeufs entiers…330g
转化糖　trimoline…19g
杏仁粉　amandes en poudre…247g
糖粉　sucre glace…199g
低筋面粉　farine ordinaire…68g
蛋白*　blancs d'oeufs…216g
细砂糖　sucre semoule…33g
熔化的黄油　beurre fondu…49g
*蛋白提前冷藏。

白桃慕斯 Mousse à la pêche

（每个使用12g）

鲜奶油（乳脂含量35%）
crème fraîche 35% MG…65g
白桃果酱*
purée de pêche blanche…145g

细砂糖A　sucre semoule…5g
柠檬汁　jus de citron…10g
水　eau…10g
细砂糖B　sucre semoule…40g
蛋白*　blancs d'oeufs…20g
吉利丁片　gélatine en feuilles…5g
*蛋白提前冷藏。

*白桃果酱提前放置于室温下。

马鞭草巴伐利亚奶冻

Bavarois à la verveine

（每个使用22g）

鲜奶油A（乳脂含量35%）
crème fraîche 35% MG…225g
马鞭草叶（干燥）　verveine…6g
细砂糖　sucre semoule…40g
吉利丁片　gélatine en feuilles…6g
鲜奶油B（乳脂含量35%）
crème fraîche 35% MG…225g

白桃果酱 Gelée de pêche

（每个使用70g）

白桃果酱
purée de pêche blanche…1275g
水　eau…175g
柠檬汁　jus de citron…35g
细砂糖A　sucre semoule…120g
NH果胶*　NH pectine…10g
细砂糖B*　sucre semoule…30g
吉利丁片　gélatine en feuilles…33g
* NH果胶与细砂糖B提前混合备用。

糖浆镜面（P258）
napage "sublimo"…适量
马鞭草叶（干燥）　verveine…适量

做法

久贡地

① 请参照P98<久贡地>①~④制作面糊。

② 将57cm×37cm、高1cm的框架放到硅胶垫上，倒入①，抹平。取下模具，连同硅胶垫一并放到烤盘上。

③ 放入190℃的烤箱内烤8分钟。连同硅胶垫一并放在网架上，在室温下冷却。

④ 取掉硅胶垫，用直径6.5cm的圆形模具压成圆饼（图1）。

白桃慕斯

① 锅内放入细砂糖与水，开火加热至118℃。

② 待①达到90℃时，开始用搅拌机高速搅打蛋白。

③ 充分打发后，再将①一点点加入②内，继续搅打至蓬松。改成中低速，继续搅打，冷却至40℃时移入平盘内，放入冰箱内冷却至室温（图2）。
*因为要让蛋白霜保持轻盈蓬松的状态，所以不用打蛋器搅打冷却，而是放入冰箱内冷却。

④ 白桃果酱、细砂糖A、柠檬汁混合均匀。取少量加入溶化的吉利丁片内，用打蛋器搅拌均匀（图3）。再倒回装白桃果酱的碗内，用硅胶铲搅拌均匀。

⑤ 鲜奶油搅打至7分发，再加入③的蛋白霜，用打蛋器大致搅拌（图4）。加入一半的④，混合均匀后再加入剩下的一半，用硅胶铲搅拌均匀（图5）。

⑥　将⑤装入装有口径12mm的圆形裱花嘴的裱花袋内，往直径6cm的半球形模具内每个挤入12g（图6）。连同烤盘一并在操作台上轻磕，展平慕斯，放入急速冷冻机内冷冻。

马鞭草巴伐利亚奶冻

①　鲜奶油A煮沸，关火加入马鞭草叶（图7）。搅拌混合后盖上锅盖焖10分钟。过滤，称出225g（图8）。
②　依次加入吉利丁片、细砂糖，每加入一种材料都需要用硅胶铲搅拌至溶化。
*为了避免产生涩味，过滤时轻轻按压马鞭草即可。
③　不足量的部分需额外加入鲜牛奶（分量外）补足。碗底浸入冰水内，搅拌冷却至26℃。
④　鲜奶油B搅打至7分发，往③内加入1/3量，用打蛋器搅拌均匀。加入剩下的鲜奶油，大致搅拌后（图9），改用硅胶铲搅拌均匀。
⑤　为了避免搅拌不均匀，再倒回盛鲜奶油的碗内，搅拌均匀。
⑥　装入装有口径12mm的圆形裱花嘴的裱花袋内，往白桃慕斯上每个挤22g（图10）。放入急速冷冻机内冷冻（A）。

白桃果酱

①　白桃果酱与水、柠檬汁混合均匀，加热至60℃。
②　铜锅内放入1/4量的细砂糖，开小火。用打蛋器搅拌，待周围的细砂糖开始熔化时，分3次加入剩下的细砂糖，每加入一次都需要充分搅拌均匀。稍微调大一点火，搅拌加热至上色。关火，利用余热加热成红褐色（不要煳了）。
*关火后，整体沸腾冒小细泡，然后气泡又落下。
③　将①一点点加入②（图11）。再次开火，用打蛋器搅拌煮沸。再加入已提前混合好的细砂糖B和NH果胶，改用硅胶铲搅拌30秒钟，至溶化。
④　关火，加入吉利丁片，搅拌至溶化（图12）。移入碗内，碗底浸入冰水内冷却至30℃（图13）。

组合·装饰

①　将白桃果酱装入漏斗内，往直径7cm的半球形模具内每个倒入16g。放入急速冷冻机内冷冻。
②　往①内倒入少量剩余的白桃果酱，再将A脱模翻过来放入。用手指按压使其贴合（图14）。
③　在②的接缝处倒满白桃果酱。放上久贡地，使其粘合（图15）。放入急速冷冻机内冷冻。
④　将网架放到烤盘上，把③脱模，放到网架上。从顶点处淋上温度调整为30℃的糖浆镜面（图16）。用刮刀拭去底部四周多余的糖浆。
⑤　放到纸托上，再装饰上马鞭草叶（图17）。

有时为了加强水果的清新感，我会加入微焦的焦糖酱。不但不会遮盖果香味，还能让味道更醇厚、更强烈，更有冲击力。

Les desserts à l'assiette

摆盘甜点

7

餐厅的喜悦

Le plaisir sucré au restaurant

我对餐厅的憧憬源于辻静雄先生撰写的《巴黎的餐厅》一书。读了这本书我才知道世界上有三星级餐厅,超有范儿的店面以及日本没有的店铺风格,让我像迷恋法国电影那般不能自拔。

有一天,我在日比谷大街上的一家餐厅前停住了脚步,这家餐厅名叫"La Promenade",清新脱俗的店面、从容的姿态与我脑海中想象的高级法国餐厅一模一样。"我要去这家餐厅用餐。"我这样想着,毫不犹豫推开了餐厅的门,告诉餐厅经理我一个人且没有预约。店内并没有什么客人,看上去应该有位子。但经理还是跟我说:"不好意思,没有位子了。"那时我才知道,在这种餐厅用餐必须提前预约,穿正式的服装出席,不能哪天顺道想去就去,因为这是一流的餐厅。于是,过了几天我提前打电话预约,穿着得体去了这家餐厅。一边倾听主厨的讲解,一边悠闲地用餐,度过了无比幸福的时光。那是在Lenôtre工作的第二年,不到20岁的我第一次在高级餐厅内用餐。

自那以后,我又去过东京都内其他法国餐厅,每次都惊诧于餐厅连一根用作配菜的菠菜都精心烹调的高质量工作;感叹如此优雅的就餐环境和周到的服务,深深迷恋上餐厅这个全新的世界。现在,我不再局限于法国餐厅,也经常去各类年轻的经营者的餐厅用餐。我非常欣赏他们身上没有传统与现存框架的重压,自由、不妥协地迎接挑战的姿态。料理的表现形式很有趣,能引起人们的兴趣。有时候,我从他们身上看到我不具备的特质,也会让我产生动摇。我并非为了效仿他们,我有自己独特的甜品风格,只是希望被日常工作禁锢的头脑得到放松,接受外界新的启发。

我对餐厅无比痴迷还有另外一个原因,如今这个时代,甜点在时尚、设计等表面上的变化很容易备受称赞,料理则不同,它是在本质上、哲学上不断进化。巴黎的料理人坚守着法式餐饮的基础,同时又不断开拓自己的视野,汲取以丹麦NOMA为代表的北欧流派的风格,深入研究每一种食材的特性,在时代更迭的洪流中仍旧保持自己的立场。我也经常光顾在巴黎开餐馆的日本主厨,他们都格外冷静,不浮躁,脚踏实地。光顾的次数多了,自然也能感受到他们的世界观。

只在周末供应的摆盘甜点正是从料理中得到启发,从点心制作的约束中跳出来自由发挥创作而成的。也可以说是从窘境中寻得解脱。暂时忘却"甜点不能这样搭配""法式甜点应该是这样的",纯粹面对眼前的材料随意发挥的感觉实在太棒了。制作流程与甜点也截然不同。我在精雕细琢的味道和独特的风格中渐渐看到了一直追求的普遍性。

右上:圣日尔曼德酒店的咖啡馆"LES DEUS MAGOTS"
右下:"GEORGES"餐厅
左上:夜幕下的"CHARTIER"餐厅
左下:楼梯扶手上优雅的曲线

椰子菜花冰淇淋 *Chou fleur / Noix de coco / Orange*

　　我经常把制作摆盘甜点（盛在盘子里的甜点）想象成烹调料理的前菜。前菜一般都是一小碟。用味道清淡的菜花作主角，搭配口味香甜的椰子，再用橙子的清香突出整体。冰淇淋中用到Espuma（慕斯和泡沫的代名词）和液态氮，同一温度下能产生温度差和口感差异，品尝时增添更多乐趣。

椰子菜花冰淇淋
Sorbet à la noix de coco et au chou-fleur

菜花（净重） chou-fleur…150g

黄油 beurre…20g

水 eau…适量

椰子酱 purée de noix de coco…400g

菜花慕斯 Mousse au chou-fleur
（容易制作的量）

菜花（净重） chou-fleur…300g

黄油 beurre…30g

水 eau…适量

细砂糖 sucre semoule…30g

蜂蜜 miel…20g

橙子皮（擦细丝）*

zeste d'orange râpés…1/2个份

君度橙味力娇酒 Cointreau…10g

鲜奶油（乳脂含量35%）

crème fraîche 35% MG…200g

橙子糖饼 Disques d'orange et de caramel
（直径4cm，厚1mm。容易制作的量）

橙汁 jus d'orange…20g

柠檬汁 jus de citron…14g

细砂糖 sucre semoule…66g

低筋面粉 farine ordinaire…20g

熔化的黄油 beurre fondu…42g

菜花片 Chips de chou-fleur
（容易制作的量）

菜花 chou-fleur…适量

白色冰沙 Sorbet blanc
调温巧克力（白巧克力）*

couverture blanc…92g

牛奶 lait…300g

鲜奶油（乳脂含量47%）

crème fraîche 47% MG…83g

转化糖 trimoline…38g

细砂糖* sucre semoule…38g

增稠剂* improver de la viscosité…2.5g

橘味利口酒* liqueur d'orange…12g

*细砂糖与增稠剂混合备用。增稠剂使用的是纯果胶 Vidofix。

*调温巧克力使用的是法芙娜公司生产的 VALRHONA IVOIRE。

*橘味利口酒使用的是 Combier 公司生产的 SAUMUR。

椰子菜花冰淇淋
① 菜花掰成小朵，用黄油煸炒（不要炒上色）。表面变软后加入适量的水（刚好没过菜花），煮至水量只剩1/3，约需5分钟。

② 将①倒入料理机中打成泥。再加入椰子酱继续搅打，倒入容器内，放入急速冷冻机内冷冻。

③ 使用前用冷冻粉碎机搅拌均匀。放入冰箱内，用勺子反复搅拌至合适硬度。

菜花慕斯
① 菜花掰成小朵，用黄油煸炒（不要炒上色）。表面变软后加入适量的水（刚好没过菜花），煮至水量只剩1/3，约需5分钟。

② 将①倒入料理机中打成泥。再加入细砂糖、蜂蜜、橙皮丝、君度橙味力娇酒，搅拌均匀。加入鲜奶油，搅拌至光滑细腻的乳化状态，倒入碗内，碗底浸入冰水里冷却。

③ 装入虹吸瓶内，再注满一氧化二氮（N_2O）。放入冰箱内冷藏一个晚上。
*经过一晚上的冷藏，变成坚挺的气泡。

橙子糖饼
① 橙汁、柠檬汁、细砂糖充分搅拌均匀。加入低筋面粉搅拌至看不见干粉，再加入约60℃的熔化的黄油，充分搅拌均匀。裹上保鲜膜，放入冰箱内冷藏一晚上。

② 将直径4cm、厚1mm的圆形框架放到铺好硅胶垫的烤盘上，用刮刀将①填满框架。

③ 放入180℃的烤箱内烤8分钟。室温下冷却，与干燥剂一并放入密封容器内保存。

菜花片
① 菜花掰成小朵，切成1mm厚的薄片。摆放到蔬菜干燥机内，设定成50℃，烘烤24小时。

白色冰沙
① 调温巧克力隔热水加热至一半熔化。

② 铜锅内加入牛奶、鲜奶油、转化糖和提前混合的细砂糖与增稠剂，开火，用铲子搅拌溶化，煮沸。

③ 称出46g的②，加入①中，用打蛋器从中央开始搅拌。再加入46g的②，按照同样方式搅拌。再分3～4次加入剩下的②，每加入一次都需要充分搅拌均匀。

④ 加入橘味利口酒搅拌均匀，碗底浸入冰水内充分冷却。

⑤ 在另一个碗内加入液体氮，倒入④，同时用打蛋器搅拌成肉松状。倒到网架上，去除多余的液体氮，放入食物搅拌机内搅拌成粉末状。再放入急速冷冻机内冷冻。

装饰
① 将椰子菜花冰淇淋舀成球状放入盘内，放上一片橙子糖饼。再挤上菜花慕斯。

② 往盛白色冰沙的容器内注入液体氮，用打蛋器迅速搅拌成干爽的颗粒状。撒到①上，最后装饰上菜花片。

自制干葡萄 Raisins mi-secs faits maison

　　葡萄无论是新鲜的还是干的，我都非常喜欢。我坚持认定"可以利用新鲜葡萄与干葡萄二者的优点"制作甜点，于是开始尝试实验自制干葡萄。整串葡萄放入烤箱内烘烤，如此简单的做法，既能保留有嚼劲的葡萄皮，果肉的味道也能进一步浓缩，葡萄味更加浓郁。搭配新鲜的奶酪慕斯，像是一幅静物画，可谓我的得意之作。

材料（10份）

半干葡萄 Raisins mi-secs
葡萄（先锋） raisins…5串

山羊奶酪慕斯 Mousse à la chèvre
细砂糖　sucre semoule…45g
水　eau…15g
蛋白*　blancs d'oeufs…50g
山羊奶酪*　fromage de chèvre…80g
软干酪　fromage blanc…120g
厚奶油　crème double…100g
鲜奶油（乳脂含量47%）
crème fraîche 47% MG…140g
*蛋白需提前充分冷藏。
*山羊奶酪使用的是没有膻味、新鲜的圣摩尔奶酪（Sainte-Maure）。

橄榄油　huile d'olive…适量
黑胡椒　poivre noir…适量

做法

半干葡萄
① 将整串葡萄用水清洗干净。烤盘内放入格子状的网架，将葡萄放在网架上，放入95℃的烤箱内烤8小时。然后继续置于烤箱内一个晚上，呈半干状。在室温下冷却。

山羊奶酪慕斯
① 细砂糖加水煮至118℃。
② 待①达到90℃时，开始用搅拌机高速搅打蛋白。待蛋白充分打发后，一点点加入①，继续搅打至蓬松。改成中低速，继续搅打，冷却至40℃时移入平盘内，放入冰箱冷却至与室温一致。
*因为要让蛋白糖霜保持轻盈蓬松的状态，所以不用打蛋器搅打冷却，而是中途放入冰箱内冷却。
③ 山羊奶酪放入碗内，一点点加入软奶酪，用硅胶铲搅拌至光滑细腻。
④ 另一个碗内放入厚奶油，用打蛋器搅打至蓬松。加入③内，用硅胶铲搅拌均匀。
⑤ 鲜奶油充分打发后加入④内，用硅胶铲搅拌均匀。再加入②的蛋白霜，搅拌均匀。
⑥ 漏勺内铺上较厚的厨房用纸，放在容量较深的容器上。将⑤倒入漏勺内，再裹上保鲜膜放入冰箱内冷藏一晚，自然沥干水分。

装饰
① 将半串半干葡萄放到盘内。
② 用汤勺舀出一勺山羊奶酪慕斯，放在葡萄旁边。淋上橄榄油，再撒上粗研磨和细研磨的黑胡椒。

胡萝卜 / 橙子 / 生姜　Carotte/Orange/Gingembre

　　用蔬菜做甜点，要充分发挥食材的味道，并且让人品尝完后不会有"想吃咸味菜"的想法。将胡萝卜糖渍后做成果酱以充分突出食材风味的做法，是我跟法国大厨学的。加入生姜能让蔬菜的味道更柔和，再利用橙子增添水果香味。这款摆盘甜点的魅力，在于通过不同的温度与口感让人体验在微妙的时间差下花开的味道与香气。

材料（8份）

糖衣杏仁　Craquelin amandes
（容易制作的量）
水　eau…33g
细砂糖　sucre semoule…100g
杏仁碎　amandes hachées…75g

橙子蛋白糖霜　Meringue orange
（容易制作的量）
蛋白*　blancs d'oeufs…100g
细砂糖　sucre semoule…100g
糖粉　sucre glace…100g
浓缩橙子果酱
orange blonde concentre…30g
*蛋白提前充分冷却。

橙皮粉　Poudre de zestes d'orange
（容易制作的量）
橙子皮　zeste d'orange…2个份
水　eau…适量
原味糖浆（P250）　base de sirop…200g

胡萝卜慕斯　Mousse à la carotte
（8份）
胡萝卜　carotte…250g
黄油　beurre…25g
水　eau…适量
生姜（擦丝）　gingembre…15g
蜂蜜　miel…35g
橙汁　jus d'orange…40g
鲜奶油（乳脂含量35%）
crème fraîche 35% MG…165g
细砂糖　sucre semoule…30g
吉利丁片　gélatine en feuilles…4.2g

生姜意式奶冻　Panna cotta au gingembre
（8份）
蜂蜜　miel…18g
生姜（擦丝）　gingembre…12g
牛奶　lait…40g
鲜奶油（乳脂含量35%）
crème fraîche 35% MG…120g
吉利丁片　gélatine en feuilles…1.8g

蜜饯胡萝卜　Carottes mi-confits
（8份）
胡萝卜　carotte…1根
黄胡萝卜　carotte jaune…1根
原味糖浆（P250）　base de sirop…400g
水　eau…200g

橙子冰淇淋　Sorbet à l' orange mandaline
（8份）
橙汁　jus d'orange…400g
橙子果肉　orange…100g
蛋黄　jaunes d'oeufs…100g
细砂糖　sucre semoule…40g
牛奶　lait…90g
橙子皮（擦细丝）
zeste d'orange…1/2个份
*橙子果肉切碎。

食用花　fleur comestible…适量

做法

糖衣杏仁
① 请参照P255<糖衣杏仁>①~③的要领制作。摊放到铺好烘焙用纸的烤盘上，再盖上烘焙用纸，用擀面杖擀薄。
*焦糖与杏仁基本粘连的状态。
② 置于室温下冷却（图1）。与干燥剂一并放入密封容器内保存。

橙子蛋白糖霜
① 用搅拌机高速打发蛋白。分别在搅打至5分发、7分发、9分发时依次加入1/3量的细砂糖，充分搅打至蛋白有尖角，做成富有光泽、坚挺的蛋白霜。
*打发程度请参照P77<椰子蛋白糖霜>①。
② 挤入浓缩橙子果酱，大致搅拌（图2）。加入糖粉，轻轻搅拌，取下搅拌盆，改用硅胶铲搅拌至光滑。
③ 将高8mm的两块金属板放在铺好烘焙用纸的烤盘上，倒上蛋白霜，用刮刀抹平（图3）。
④ 放入100℃的燃气烤箱内烤1小时。烤完后继续放在烤箱内干燥一个晚上（图4）。切成适当大小，与干燥剂一并放入密封容器内保存。

橙皮粉
① 用削皮器薄薄地削下橙皮。如果橙皮上有白色的部分，需用小刀削掉。放入足量的水中煮两次，再立即用水冲洗。
② 锅内放入原味糖浆和①，沸腾后转小火煮4分钟（图5）。关火，置于室温下冷却。
③ 沥干水分，将橙皮摆放到铺好硅胶垫的烤盘上，上面再盖上一层硅胶垫。放入90℃的烤箱内烤6个小时，充分干燥（图6）。
④ 用食物搅拌机打成粉末状（图7）。过筛，保留细粉，网筛内残留的柠檬皮再次放入食物搅拌机内打磨成粉，再过筛。如此反复3次，最后与干燥剂一并放入密封容器内保存。

胡萝卜慕斯
① 胡萝卜去皮，切成宽1cm的半月形，较粗的部位再对切开。
② 锅内放入①和黄油，加入刚好没过食材的水。用纸当锅盖，可以边加水边煮至胡萝卜变软（图8）。取掉纸锅盖，继续煮至只剩少量汁水。
③ 铜锅内放入蜂蜜和生姜丝，搅拌煮至生姜呈透明状（图9）。
*通过加热减少生姜酵素，有助于吉利丁片凝固。
④ 依次加入橙汁、细砂糖，搅拌至溶化。关火，加入吉利丁片，搅拌溶化（图10）。
⑤ 将②的胡萝卜和汁水、④放入料理机内搅打成泥状。分2次加入鲜奶油，每加入一次都需要充分搅拌均匀（图11）。移入碗内，碗底浸入冰水里，室温下冷却。
⑥ 将⑤装入虹吸瓶内，再注满一氧化二氮（图12），放在冰箱内冷藏一个晚上。
*经过一晚上的冷藏，变成坚挺的气泡。

生姜意式奶冻

① 铜锅内放入蜂蜜和生姜丝，搅拌煮至生姜呈透明状。

*通过加热减少生姜酵素，有助于吉利丁片凝固。

② 加入牛奶和鲜奶油，搅拌均匀（图13），煮沸后，离火，加入吉利丁片，搅拌至溶化。

③ 用铲子按压生姜将液体过滤到碗内。碗底浸入冰水内，冷却至即将凝固（图14）。放入冰箱内冷藏凝固。

蜜饯胡萝卜

① 将两种胡萝卜去皮，切成薄片。用口径24mm的圆形裱花嘴压成圆形。

② 将①放入沸水内煮2分钟，用笊篱捞出，沥干水分。再放入沸腾的原味糖浆内煮1分钟（图15）。

③ 倒入碗内，浸泡在糖浆内放在室温下腌渍1.5个小时。

橙子冰淇淋

① 用中火将橙汁熬煮至剩一半的量。

② 用打蛋器搅拌蛋黄和细砂糖。加入牛奶，搅拌均匀。

③ ①离火，加入橙子果肉和②（图16）。按照英式奶油的制作要领搅拌加热至82℃。

④ 离火，加入橙皮丝，搅拌均匀。倒入碗内，碗底浸在冰水内充分冷却。倒入冷冻粉碎机的容器内（图17），放入急速冷冻机内冷冻。用冷冻粉碎机粉碎（图18），再放入冰箱内冷藏。

*橙皮在离火后加入，这样可保留橙皮的清香。

装饰

① 用手将糖衣杏仁和橙子蛋白糖霜掰成8mm的小片。

② 碗内注入液体氮（图19），加入橙子冰淇淋。用打蛋器捣成肉松状（图20）。

③ 将同等分量的①的橙子蛋白糖霜与②一并放入冰箱内冷藏。

④ 盘子内放上直径6.5cm的圆形模具，将胡萝卜慕斯挤至模具1/3高处。用勺子舀上生姜意式奶冻，撒上掰碎的糖衣杏仁（图21）。上面再挤上胡萝卜慕斯，用勺子背将慕斯抹成山丘状。再在表面舀上③（图22），取掉圆形模具。

⑤ 用茶筛筛上橙皮粉。蜜饯胡萝卜蘸干汁液，摆放在表面，呈现出立体感。最后装饰上食用花（图23）。

西红柿 / 草莓 / 红椒　Tomate/Fraise/Poivron rouge

　　这道摆盘甜点是根据在意大利餐厅吃过的一道前菜改良而成的，集合了蔬菜、香草、水果等多彩食材，有些像沙拉。肉质较厚的彩椒搭配上草莓与西红柿，呈现出清新感，后味是爽口的葡萄柚的苦味。夹在中间的薄脆糖轻咬即碎，罗勒叶的香味弥漫口中。最后口感温和的和风香草更是点睛之笔。

材料 （10份）

罗勒风味的薄脆糖
Croquant de sucre au basilic transparence
（容易制作的量、每份使用2片）
罗勒叶（新鲜）　feuilles de basilic…10g
软糖　fondant…250g
水饴　glucose…17g

红椒血橙酱
Couli de poivron rouge et d'orange sanguine
（37cm×28.5cm×高3mm的框架1个份）
红椒　poivron rouge…3个
血橙果汁*　jus d'orange sanguine…75g
细砂糖　sucre semoule…25g
盐　sel…一小撮
*血橙榨汁再过滤备用。

西红柿草莓冰淇淋
Sorbet au tomato et à la fraise
小西红柿　tomate…1.25kg
糖粉　sucre glace…125g
西红柿　tomates…500g
细砂糖　sucre semoule…50g
葡萄柚汁
jus de pamplemousse rosé…100g
草莓酱　purée de fraise…300g
原味糖浆（P250）　base de sirop…适量

西红柿草莓沙拉
Salade de tomatos et de fraises
小西红柿　tomate…5个
草莓*　fraises…15个
红椒和血橙酱　coulis de poivron rouge
et d'orange sanguine…适量
*草莓选用小颗的。

和风香草*　merange de herbs…适量
橙子风味的橄榄油
huile d'olive à l'orange…适量
*把红紫苏、绿紫苏、山葵叶、水菜、塌菜等撕成合适大小。

做法

罗勒风味的薄脆糖

① 罗勒叶切成1cm的小丁。

② 将软糖和水饴放入铜锅内，开中火，搅拌加热。待全部熔化后转大火加热至162℃。关火倒入①中，用铲子搅拌至罗勒叶的水分渗出（图1）。

*罗勒叶中的水分充分渗出后，做好的糖质地均匀、不发粘。一直搅拌至"噗呲噗呲"的水分渗出声音消失为止。

③ 将硅胶垫铺到大理石上，将②薄薄倒上（图2）。室温下冷却凝固后切成适当大小，与干燥剂一并放入密封容器中放置一个晚上。

*经过一晚上的干燥，表面质地均匀。

④ 放入食物搅拌机内打成粉末状（图3）。

⑤ 将硅胶垫、13cm×4.5cm的框架摆放到烤盘上，用茶筛上筛④（厚度为0.5mm/图4）。脱模，放入170℃的烤箱内烤2分钟，把糖烤化（图5）。

⑥ 连同硅胶垫一并放在大理石上，凝固后立即与干燥剂一并放入密封容器内保存。

红椒血橙酱

① 红椒去蒂，水洗后去籽。用铝箔纸包裹，将其放入模具内。放入170℃的烤箱内烤45分钟.室温下冷却。

② 红彩椒剥皮（图6），果肉与汁液放入料理机内。再加入血橙汁、细砂糖、盐，搅打成泥状（图7）。

③ 将37cm×28.5cm×高3mm的框架放到贴好透明塑料纸的烤盘上，倒入②，刮平（图8）。放入急速冷冻机内冷冻。剩下的果酱留着用于装饰。

④ 将③脱模，用刀切去四边，再分切成16cm×7.5cm的小片（图9）。放入急速冷冻机内保存。

西红柿草莓冰淇淋

① 将小西红柿放入沸水中烫20秒，再浸泡到冰水中，烫掉皮。去蒂，纵向对切开，用勺子挖掉种子。

② 烤盘内铺上硅胶垫，再将网架放到烤盘内，西红柿切口朝上摆在网架上，撒上1/4量的糖粉（图10）。放入100℃的烤箱内烤30分钟。

③ 从烤箱中取出，翻面（图11）。再撒上1/4量的糖粉，放回烤箱中再烤30分钟。

④ 步骤②~③再重复一遍。如果小西红柿水分含量还很高，就再翻面、不撒糖粉继续烤干。置于室温下冷却（图12）。

*烤好后重量约为250g。

⑤　按照步骤①的做法将西红柿烫去皮，纵向对切开，用勺子挖掉种子。与细砂糖一并放入料理机内稍微搅打一下，不要打得太碎（图13）。

⑥　漏勺内铺上两层面巾纸。再将漏勺放在容量较深的容器上。倒入⑤，漏勺裹上保鲜膜，放入冰箱内静静过滤一晚上（图14）。过滤出来的汁水是透明的（约过滤出200g）。

⑦　将一半④的小西红柿和⑥的透明汁水放入料理机内稍微搅打（图15）。再加入剩下的⑥，充分搅打。

⑧　基本粉碎后加入血橙汁，整体搅打细腻后，再加入草莓酱，继续搅打（图16）。

⑨　测量糖度，将糖度调整为24% brix。如果糖度不够，加入适量原味糖浆（分量外）。倒入冷冻粉碎机的容器内，用急速冷冻机冷冻。

⑩　使用时，用冷冻粉碎机搅拌成冰淇淋。放入冰箱内，用勺子反复搅拌至合适硬度（图17）。

⑪　将18cm×18cm×高2cm的模具放入贴好透明塑料纸的烤盘上。将⑩的冰淇淋塞满模具。用刮刀抹平表面，放入急速冷冻机内冷却定型。

⑫　用燃烧器加热模具侧面，冰淇淋脱模。用稍微加热的平刃刀将冰淇淋分切成12cm×4cm的小块，放入急速冷冻机内保存。

西红柿草莓沙拉
①　与<红椒血橙酱>①相同，小西红柿用热水烫掉皮，去蒂，纵切成8等份。草莓去蒂，纵切成4等份。

②　将少量预留的红椒血橙酱加入①内（图18）。

装饰
①　盘内放上冷冻的红椒血橙酱，再依次放上薄脆糖、西红柿草莓冰淇淋。

②　摆放上西红柿草莓沙拉，保持高度一致。再淋上少量红椒血橙酱。

③　放上薄脆糖（图19），再放上和风香草，最后滴上少许橙子风味的橄榄油（图20）。

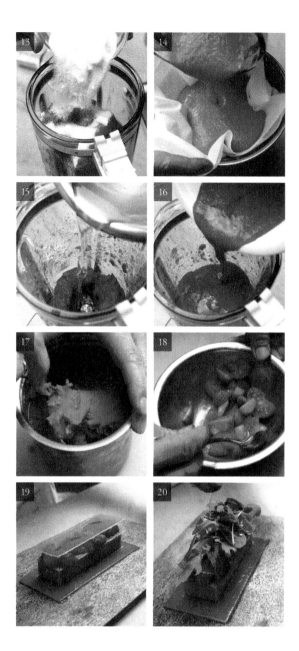

艾蒿／柠檬　Yomogi/Citron

　　我在日料店里品尝用艾蒿制作的料理时，脑中突然浮出现艾蒿与柠檬的搭配。艾蒿煮熟后会有一股强烈的苦味，所以我使用新鲜的艾蒿做成冰淇淋。加入柠檬皮后甜品既不过于日式也不过于西式，柠檬的清香气息带出一种清爽感。再添上几枝温热的炸艾蒿加强对比，简单装饰即可。

（10份）

艾蒿冰淇淋　Sorbet yomogi

艾蒿（净重）　yomogi…100g

牛奶　lait…400g

细砂糖*　sucre semoule…40g

增稠剂*　improver de la viscosité…3g

鲜奶油（乳脂含量35%）　crème fraîche 35% MG…100g

柠檬皮（擦细丝）　zeste de citron râpé…1/2个份

*艾蒿水洗后用厨房用纸拭干水分。摘净茎上的黑色部分。

*细砂糖与增稠剂混合备用。增稠剂使用的是纯果胶Vidofix。

艾蒿粉　Poudre de yomogi

（容易制作的量）

艾蒿　yomogi…50g

原味糖浆（P250）　base de sirop…200g

柠檬皮粉　Poudre de zestes de citron

（容易制作的量）

柠檬皮　zestes de citron…2个份

原味糖浆（P250）　base de sirop…200g

炸艾蒿　Frites yomogi

艾蒿　yomogi…30枝

低筋面粉　farine ordinaire…100g

冷水　eau…180g

太白芝麻油　huile de sésame…100g

做法

艾蒿冰淇淋

① 锅内放入牛奶、混合的细砂糖与增稠剂，用打蛋器搅拌加热至沸腾。

② 离火，加入鲜奶油，搅拌均匀。锅底浸入冰水内，充分冷却。

③ 在粉碎机容器内放入艾蒿、②、擦成细丝的柠檬皮，一并放入急速冷冻机内冷冻。

④ 使用前用冷冻粉碎机充分搅拌。放入冰箱内冷冻一会儿，取出，用勺子搅拌，如此反复多次，调整至合适硬度。

艾蒿粉

① 将艾蒿浸泡在原味糖浆内。取出后摆放到铺好硅胶垫的烤盘上。

② 艾蒿上面再盖上一层硅胶垫，放入80℃的烤箱内烤4个小时，烤至干燥。室温下冷却。

③ 用食物搅拌机打成粉末状。过筛，保留细粉，网筛内残留的艾蒿再次放入食物搅拌机内打成粉，再过筛。如此反复3次，最后与干燥剂一并放入密封容器内保存。

柠檬皮粉

① 用削皮器削下薄薄的柠檬皮。如果柠檬皮上有白色的部分，需用小刀削掉。

② 锅内放入足量的水和①，沸腾后用笊篱捞出，倒掉水。然后用水冲洗。该操作再重复一次。

③ 将②的柠檬皮与原味糖浆放入锅内，沸腾后转小火煮4分钟。关火，置于室温下冷却。

④ 将柠檬皮摆放到铺好硅胶垫的烤盘上，上面再盖上一层硅胶垫。放入90℃的烤箱内烤6个小时，烤至干燥，置于室温下冷却。

⑤ 用食物搅拌机打成粉末状。过筛，保留细粉，网筛内残留的柠檬皮再次放入食物搅拌机内打成粉，再过筛。如此反复3次，最后与干燥剂一并放入密封容器内保存。

炸艾蒿

① 盆内放入冷水和低筋面粉，用打蛋器轻轻搅拌。将艾蒿蘸满面糊后，放入170℃的太白芝麻油内炸。

② 沥干油，放到纸上，趁热两面轻轻撒上糖粉（分量外）。

装饰

① 用勺子将艾蒿冰淇淋整成肉丸状，摆放到盘内。放上2～3枝炸艾蒿，再依次筛上艾蒿粉、柠檬皮粉。

无花果 / 木槿花　Figue/Hibiscus

　　我特别喜欢无花果，或许因为我小时候生活的院子里种着一棵无花果树。我记得那棵无花果树结出来的果实硕大无比，而且非常美味。无花果属于甜味浓烈的水果，搭配酸味食材风味更佳。将无花果与血橙果汁、香草一起煮，散发着木槿花香味又有些酸味的泡沫真的很惊艳。香草风味的意式奶冻更是温和爽口。

血橙风味的煮白无花果
Figues pochées à l'orange sangine

白无花果　figues blanches…10个

血橙果汁＊　jus d'orange sangine…450g

蜂蜜　miel…80g

鼠尾草（新鲜）　sauge…6g

黄油　beurre…25g

薰衣草（干）　lavande…2.5g

＊血橙榨果汁后使用。

香草风味的意式奶冻　Pannacotta à la vanille

鲜奶油（乳脂含量35%）
crème fraîche 35% MG…700g

粗红糖　cassonade…110g

香草荚　gousse de vanille…1/4根

吉利丁片　gélatine en feuilles…4g

木槿乳　Emulsion de hibiscus

水　eau…500g

覆盆子（冷冻）　framboise…125g

细砂糖　sucre semoule…75g

木槿茶（茶叶）　feuille de hibiscus…15g

花果茶（茶叶）＊　tea mélange…8g

肉桂棒　bâton de cannelle…1/2根

薄荷叶　feuilles de menthe…3g

＊花果茶使用的是Lupicia的PIERROT。

血橙酱汁　Sauce orange sangine

煮白无花果的汁水…100g

薄荷叶　feuilles de menthe…适量

大豆卵磷脂＊　lécithine de soja…适量

做法

血橙风味的煮白无花果

① 白无花果去皮、保留果蒂。

＊如果去蒂再煮，容易破损。

② 铜锅内放入血橙果汁、蜂蜜、鼠尾草、黄油、薰衣草，将①平铺在锅底，开火加热。

＊锅的大小要让无花果2/3浸泡在液体中。

③ 煮沸后，不盖锅盖，直接将锅放入200℃的燃气烤箱内烤30分钟，期间需每隔5分钟搅拌一下无花果。

④ 浸泡在汁水内置于室温下冷却，再放入冰箱内冷藏保存。

＊汁水用于制作酱汁。

香草风味的意式奶冻

① 锅内放入鲜奶油、粗红糖、香草荚，煮沸。

② 离火，加入吉利丁片，搅拌至溶化。移入碗内，裹上保鲜膜，室温下冷却。再放入冰箱内冷藏凝固。

木槿乳

① 锅内放入覆盆子、细砂糖，开小到中火煮20分钟。关火，加入木槿茶和花果茶，盖上锅盖焖5分钟。

② 将①过滤至另一个锅内，加入肉桂棒。开中火煮至液体剩下2/3量。

③ 离火，加入薄荷叶。再倒入碗内，裹上保鲜膜置于室温下冷却，再放入冰箱内保存。

血橙酱汁

① 将煮白无花果的汁水煮至液体剩下1/2量。

装饰

① 器皿内放入80g香草风味的意式奶冻。

② 去掉白无花果的果蒂，摆放到①上。再用勺子舀上一勺血橙酱汁。

③ 取出木槿乳内的薄荷叶，加入大豆卵磷脂，用搅拌棒打发。放置30秒，连同容器轻轻在操作台上磕几下，消去易碎的小泡，只留下坚挺的泡沫，用勺子舀入。最后撒上薄荷叶。

苹果冻栗子浓汤　Pomme/Marron/Noisette

　　摆盘甜点要尽可能选用时令食材，与醇厚的栗子浓汤相搭配的，是同样用秋季的食材制作而成的苹果冻，入口即化，两种食材能带给你不一样的味觉体验。榛子更是这道甜点的点睛之笔，榛子乳和榛子油的香味弥漫四周。只使用榛子乳的泡沫，让榛

香料吐司面包 Pain d'épices toast
（容易制作的量）

中筋面粉* farine…9g

玉米淀粉 fécule de maïs…9g

黑麦全麦粉*（细磨） seigle du blé…40g

泡打粉 levure chimique…3.6g

盐 sel…1.4g

肉桂粉 cannelle en poudre…1.8g

多香果 quatre épice…1.5g

大茴香粉 anis en poudre…1.8g

牛奶* lait…27g

橙子酸果酱 orange en marmelade…61g

水饴 glucose…25g

蜂蜜 miel…61g

全蛋* oeufs entiers…29g

熔化的黄油 beurre fondu…29g

*牛奶与全蛋需提前充分冷藏。

*中筋面粉使用的是日清制粉生产的"LYSD'OR"。

*黑麦全麦粉使用的是日清制粉生产的"精制粉"。

栗子奶油 Crème de marron
糖水栗子* compote de marron…500g

栗子酱 Pâte de marron…260g

黄油 beurre…100g

糖粉 sucre glace…10g

水饴 glucose…30g

*糖水栗子的做法与P183<糖水栗子>相同。

栗子浓汤 Potage de marron
牛奶 lait…300g

鲜奶油（乳脂含量35%）

crème fraîche 35% MG…150g

栗子奶油 crème de marron…450g

朗姆酒 rhum…20g

苹果冻 Gelée de pomme
苹果汁 jus de pommes…2160g

苹果酒 cidre…450g

果冻* gélatine…18g

细砂糖 sucre semoule…18g

*苹果汁是用红玉苹果榨汁后用漏勺过滤而成的。

请参照P189<苹果柚子冻>①。

*果冻使用的是Jellice公司生产的"CT Jelly Mix"。

榛子乳
Emulsion noisettes

榛子（带皮·整颗） noisettes…115g

牛奶 lait…300g

细砂糖 sucre semoule…30g

焦糖榛子（P256）

noisettes caramelisées…适量

榛子油 huile de noisettes…适量

大豆卵磷脂 lécithine de soja…适量

香料吐司面包

① 将中筋面粉、玉米淀粉、黑麦全麦粉、泡打粉、盐、肉桂粉、多香果、大茴香粉放入盆内，加入牛奶。用硅胶铲搅拌均匀。

② 将水饴和蜂蜜稍稍加热后倒入①，混合均匀。再加入搅打均匀的全蛋液，混合均匀。

③ 依次加入约60℃的融化黄油、橙子酸果酱，每加入一种都需要充分搅拌均匀。

④ 在37cm×10cm×高4cm的模具内铺上烘焙用纸，为防止移动可以用胶带固定。将模具摆放到烤盘上，再倒入③。

⑤ 放入170℃的烤箱内烤10分钟。室温下冷却。

⑥ 取掉烘焙用纸，脱模。切掉四边，再分切成18cm×1cm的小块。

⑦ 摆放到铺好网状不沾布的烤盘上，放入170℃的烤箱内烤10分钟。室温下冷却。

栗子奶油

① 请参照P185<栗子奶油>①~④的制作要领。

栗子浓汤

① 将牛奶与鲜奶油放入锅内，开火加热至50℃。

*如果不加热，牛奶与鲜奶油容易分离。

② 栗子奶油倒入碗内，将①少量多次加入，同时用打蛋器迅速搅拌。

③ 倒入料理机内，加入朗姆酒，断断续续搅打至细腻浓稠。过滤后置于室温下冷却，再放入冰箱内冷藏保存。

苹果冻

① 苹果汁开大火煮至只剩1/4量（约540g）。

② 与步骤①同时进行，苹果酒煮至只剩1/10量。加入①内，用打蛋器搅拌均匀。

③ 果冻粉与细砂糖混合均匀后一并加入②内，搅拌溶化。锅底浸入冰水内，搅拌散热。

④ 往每个容器内倒入60g，放入冰箱内冷藏凝固。

榛子乳

① 榛子放入160℃的烤箱内烤10~15分钟。用刀腹切成2~4等分。

② 锅内放入牛奶、①和细砂糖，开火加热。沸腾后转小火，用铲子搅拌加热2分钟。关火，盖上锅盖焖5分钟。

③ 倒入料理机内断断续续打至榛子大致搅碎即可。

*打得太碎，榛子会渗出一股涩味，大致搅碎可让榛子风味更浓郁。

④ 用漏勺自然过滤。

*为了避免榛子渗出涩味，过滤时不要按压榛子，自然过滤即可。

装饰

① 栗子浓汤容易沉底，搅拌完成后倒90g到苹果冻上面。

② 将大豆卵磷脂加入榛子乳内，移入容量较深的容器内，用搅拌棒打发。放置30秒，连同容器轻轻往操作台上磕几下，消去易碎的小泡，只留下坚挺的泡沫，用勺子舀到①上。

③ 焦糖榛子切细碎，撒到②的气泡上。再淋上榛子油，摆上一块香料吐司面包。

柠檬大米布丁　Riz/Citron/Bulbe de lys

　　在日本，很多人抱怨"大米布丁的米太甜了"，我特别想改变人们对大米布丁的看法，于是在大米中添加了柠檬香味。将柠檬皮丝混入煮好的大米中，布丁会具有清新的柠檬果香，削弱了"大米饭"味，更容易被人们接受。绵软的百合做成焦糖风味。使用新年菜肴的各种专用食材做成的这款甜点，会给你带来意想不到的惊喜。

材料（10份）

布列塔尼酥饼　Sablé Breton
（15张）
黄油　beurre…175g
细砂糖　sucre semoule…70g
盐花　fleur de sel…4g
蛋黄　jaunes d'oeufs…25g
杏仁粉　amandes en poudre…25g
低筋面粉　farine ordinaire…140g

大米布丁　Riz au lait
（容易制作的量）
米（圆粒米）　riz…100g
牛奶　lait…450g
细砂糖　sucre semoule…50g
盐　sel…适量
香草荚　gousse de vanille…1/4根
黄油　beurre…20g
柠檬皮（擦细丝）
zeste de citron…1/2个份
蛋黄　jaunes d'oeufs…2个份

焦糖百合　Bulbe de lys Caramelisé
百合　bulbe de lys…5个
黄油　beurre…适量
细砂糖　sucre semoule…适量
科涅克白兰地酒　Cognac…适量

柠檬皮（擦细丝）
zeste de citron…适量
柠檬风味的橄榄油
huile d'olive au citron…适量

布列塔尼酥饼

① 将恢复至室温的黄油用装有搅拌棒的搅拌机低速搅拌成发蜡状。加入细砂糖和盐花，低速搅拌。用硅胶铲清理干净粘在搅拌棒和搅拌盆上的面糊。

② 一点点加入搅打均匀的蛋黄，低速搅拌（图1）。加入杏仁粉和低筋面粉，搅拌至看不见干粉（图2）。中途清理干净粘在搅拌棒和搅拌盆上的面糊。

③ 保鲜膜展平，放入面坯，用手摊平（图3）。裹上保鲜膜，放入冰箱内冷藏一个晚上。

④ 从冰箱内取出面坯放到操作台上，整成厚2cm的正方形。再旋转90°。用压面机压成厚3mm的面坯。放到洒满干粉的烤盘上，放入冰箱内冷藏至合适硬度。

⑤ 用直径7.5cm的圆形模具压出圆饼（图4），摆放到铺好网状不沾布的烤盘上。放入150℃的烤箱内烤16分钟。室温下冷却（图5）。

大米布丁

① 将大米放入锅内，加入足量的水（分量外）。开大火，用硅胶铲搅拌至沸腾，继续煮1分钟。

*沸腾后持续搅拌可煮出大米的米油。

② 用笊篱捞出大米，立即用水冲洗，洗去米油（图6）。

③ 将②放入大一点的锅内，加入牛奶、细砂糖、盐、香草荚，大火加热。稍微沸腾后转小火，用铝箔纸当锅盖，继续煮15分钟。

④ 开大火加热保持沸腾状态，用硅胶铲搅拌让水分蒸发（图7）。煮至牛奶产生黏性、剩下一半量时关火，加入柠檬丝。

⑤ 一点点加入搅打均匀的蛋黄，用硅胶铲搅拌均匀。

⑥ 移入碗内，加入黄油，整体搅拌均匀（图8）。裹上保鲜膜，置于室温下冷却。

焦糖百合

① 把百合根清洗干净，沥干水分后掰成小片。

② 将细砂糖摊放在平底锅内，开火加热至熔化，然后加入黄油，搅拌融合。加入百合，煎至百合均匀包裹上焦糖（图9）。

③ 待焦糖呈深咖色时，淋入科涅克白兰地酒火烧（图10）。

④ 连同平底锅一并放入180℃的烤箱内烤5分钟。烤至百合边缘焦香，焦糖酱浓稠。

装饰

① 盘内放入一片布列塔尼酥饼，再放上直径6.5cm、高1.7cm的圆形模具，中间填满大米布丁。

② 在大米布丁上面盛满焦糖百合，摆出立体感（图11），盘内也装饰上少许焦糖百合，营造出美感。

③ 撒上柠檬皮丝，把散落盘内的柠檬皮清理干净。

④ 最后在焦糖百合上淋入柠檬风味的橄榄油（图12）。

香蕉土豆可丽饼　Pomme de terre/Banane/Rhum

　　这款甜点的灵感起源于沙丁鱼煎饼。我试着将沙丁鱼煎饼的做法融入摆盘甜点中，于是就诞生了这款甜点。为了让可丽饼口感更佳，面糊内加入了土豆，先用平底锅煎，再用烤箱烤成如舒芙蕾般松软。散发着朗姆酒香味的煎香蕉更是锦上添花。

材料 （10份）

土豆可丽饼面糊
Appareil à crêpe de pomme de terres
（容易制作的量）
土豆*　pomme de terre…225g
高筋面粉　farine de gruau…100g
细砂糖　sucre semoule…20g
全蛋　oeufs entiers…120g
牛奶　lait…200g
熔化的黄油　beurre fondu…30g
*土豆的用量是煮熟去皮后的净重。

煎香蕉　Banane sautées
（10份）
香蕉*　bananes…6根
黄油　beurre…80g
细砂糖　sucre semoule…40g
朗姆酒　rhum…适量
*香蕉选用熟透的。

舒芙蕾面糊　Appareil à soufflé
（10份）
卡仕达奶油酱（P248）
crème pâtissière…300g
蛋黄　jaunes d'oeufs…60g
蛋白*　blancs d'oeufs…50g
细砂糖　sucre semoule…17g
*蛋白需提前充分冷藏。

朗姆酒　rhum…适量

英式酱汁　Sauce Anglaise
（容易制作的量）
牛奶　lait…250g
蛋黄　jaunes d'oeufs…60g
细砂糖　sucre semoule…63g
香草荚　gousse de vanille…1/4根

做法

土豆可丽饼面糊
①　土豆煮软，用竹扦可轻松插透。倒掉热水，去皮。趁热把土豆过筛（图1），碗内放入225g。
②　另取一个大盆，放入高筋面粉和细砂糖，混合均匀。再倒入搅打均匀的全蛋液、1/4量的牛奶，用打蛋器用力搅打1分钟，直至产生面筋（图2）。清理干净粘在打蛋器和盆壁上的面糊。
③　分3次加入剩下的牛奶，每加入一次都需要充分搅拌（图3）。分3次加入①的土豆，每加入一次都需要搅拌均匀（图4）。
④　往③内加入约40℃融化的奶油，搅拌均匀（图5）。裹上保鲜膜，放入冰箱内冷藏1个晚上。

英式酱汁

① 铜锅内加入牛奶、香草荚，煮沸。

② 同时，用打蛋器搅打蛋黄与细砂糖。

③ 往①内加入1/3量的②（图6），用打蛋器充分搅拌。再倒回铜锅内，开中火加热，用硅胶铲搅拌加热至82℃（英式奶油/图7）。

④ 关火，过滤到碗内。碗底浸入冰水内冷却。

煎香蕉

① 香蕉去皮，切去两端，再切成厚1cm的圆片。

② 平底锅内放入一层薄薄的细砂糖，开大火加热。整体熔化后，关火，加入黄油用硅胶铲搅拌融合。

③ 再次开火迅速摆放上香蕉片，不时摇晃平底锅炒制（图8）。上色后，逐一翻面，再继续炒制。

④ 上色后，加入朗姆酒火烧（图9），摊放到硅胶垫上。室温下冷却。

舒芙蕾面糊

① 碗内放入卡仕达奶油酱，加入搅打均匀的蛋黄，用硅胶铲充分搅拌（图10）。

② 搅拌盆内放入蛋白和细砂糖，搅打至产生光泽、尖角直立的状态。

③ 在①内加入1/3量的蛋白霜，用硅胶铲充分搅拌。

④ 用打蛋器再重新打发剩下的蛋白糖霜，加入③内，用硅胶铲搅拌均匀（图11）。

装饰

① 煎可丽饼的锅充分预热，锅底垫上一块湿抹布，散热。

② 重新开中火加热，用长柄勺舀入土豆可丽饼面糊。待表面冒气泡时，摆放上10～11片煎香蕉，再舀上舒芙蕾面糊（图12）。

③ 扣上盘子将②翻面，放到温热的烤盘上。放入预热至170℃的烤箱内烤10分钟（图13）。

④ 在土豆可丽饼四周淋上一圈英式酱汁，再滴上少许朗姆酒（图14）。

黑啤酒冰淇淋　Bière/Huile de noisette/Gavotte

为了中和苦味与甜味，我最终选定了啤酒。使用30%荞麦酿造而成的"Telenn Du"，是一款苦中带香的黑啤酒。用黑啤酒做的冰淇淋加上用赤砂糖做的红糖卷，口感酥脆又醇香。最后滴上榛子油，香味更浓郁。

啤酒冰淇淋 Glace à la bière

牛奶　lait…255g

鲜奶油（乳脂含量35%）

crème fraîche 35% MG…77g

蛋黄　jaunes d'oeufs…77g

细砂糖　sucre semoule…64g

啤酒*　bière…128g

*啤酒使用的是兰斯洛特啤酒公司生产的Telenn Du。

红糖卷 Pâte à gavotte

（容易制作的量）

黄油*　beurre…45g

赤砂糖　vergeoise…150g

蛋白*　blancs d'oeufs…75g

低筋面粉　farine ordinaire…45g

*黄油与蛋白需提前放置室温下。

巧克力奶酥 Pâte à crumble au chocolat

（容易操作的量）

调温巧克力（黑巧克力、可可含量125%）

couverture noir…20g

发酵黄油　beurre…100g

赤砂糖　vergeoise…100g

杏仁粉　amandes en poudre…60g

可可粉　cacao en poudre…20g

低筋面粉　farine ordinaire…80g

*调温巧克力使用的是法芙娜公司生产的COEUR DE GUANAJA。可可含量高，奶酥可可味道更浓郁。

赤砂糖粉 Sucre vergeoise

（容易制作的量）

赤砂糖　vergeoise…适量

榛子油　huile de noisettes…适量

啤酒冰淇淋

① 牛奶与鲜奶油放入锅内，煮沸。

② 同时，用打蛋器将蛋黄与细砂糖搅拌均匀。

③ 在②中加入1/3量的①，用打蛋器充分搅拌。再倒回锅内，开中火，用硅胶铲搅拌加热至82℃（英式奶油）。

④ 过滤到碗内，碗底浸入冰水，冷却至与室温一致。加入啤酒，充分搅拌。倒入冷冻粉碎机的容器内，放入急速冷冻机内冷冻。

⑤ 使用前用冷冻粉碎机搅拌成冰淇淋状。放入冰箱内冷冻一会儿再取出，用勺子搅拌，如此反复数次，直到调整至合适硬度。

红糖卷

① 黄油软化成发蜡状。加入赤砂糖，充分搅拌。

② 将蛋白少量多次加入，每加入一次都需用打蛋器搅打乳化。

*这一步骤如果乳化不彻底，烤好的红糖卷会膨胀。

③ 加入低筋面粉，搅拌至看不见干粉。裹上保鲜膜，放入冰箱内冷藏一个晚上。排出大气泡，呈细滑的状态。

④ 将25cm×2.5cm的框架放到铺好硅胶垫的烤盘上，用刮刀将③填满框架。取掉框架。

⑤ 放入170℃的烤箱内烤5分钟。立即用三角刮刀翻面，用手卷成卷。冷却后，与干燥剂一起放入密封容器内保存。

巧克力奶酥

① 调温巧克力隔热水加热至熔化。

② 除了①，其他材料全部放入食物搅拌机内，大致搅拌后，再加入①，继续搅拌。中途需暂停机器，用硅胶铲从底部翻拌，再清理干净沾在搅拌棒和容器上的面坯。搅拌成颗粒状即可。

③ 移入平盘内，用手抓握，再摊平。裹上保鲜膜，放入冰箱内冷藏一个晚上。

*赤砂糖融合到面坯中，颗粒感更柔和。

④ 用手将面坯轻轻捏成榛子大小的形状，平摊到铺好硅胶垫的烤盘上。

*注意不要揉搓，否则影响奶酥口感。

⑤ 放入165℃的烤箱内烤12分钟。室温下冷却，连同干燥剂一并放入密封容器内保存。

*加入可可粉的面坯特别容易烤焦，注意不要烤过火。

赤砂糖粉

① 将赤砂糖摊放到平盘上，可放在烤箱顶等温暖场所干燥两日。

② 把①放入食物搅拌机内打磨成粉，过筛。网筛内残留的赤砂糖再放入食物搅拌机内打磨成粉，再过筛。如此反复，最终打磨成糖粉那样细腻的状态。

装饰

① 将啤酒冰淇淋整成肉丸状，摆放到盘内。再放上3个红糖卷。

② 用手指碾碎巧克力奶酥，撒到上面。再撒上赤砂糖粉。最后淋上少许榛子油。

樱木香味熏制冰淇淋　Fumée au sakura/Bière

　　我个人非常喜欢熏制香味，于是一直在琢磨如何将熏制香味运用到摆盘甜点中。最终我决定将牛奶熏制后做成冰淇淋。如果香味过于浓烈，甜点味道会太冲，因此特意选用樱木，香味柔和。与之搭配的啤酒意式蛋黄酱还有烧烤的味道。使用口感和香味更温和的白啤酒，与熏制香味相宜，二者搭配更显高雅。

材料（6份）

熏制冰淇淋　Glace fumée

牛奶　lait…360g
蛋黄　jaunes d'oeufs…60g
细砂糖　sucre semoule…60g
香草荚　gousse de vanille…1根
鲜奶油（乳脂含量35%）
crème fraîche 35% MG…72g

红糖风味的挞皮

Pâte sucrée au vergeoise
（30个份、每个使用20g）
黄油*　beurre…162g
赤砂糖　vergeoise…108g
杏仁粉　amandes en poudre…36g
全蛋　oeufs entiers…54g
低筋面粉　farine ordinaire…270g
*黄油和全蛋提前放置室温下。

啤酒意式蛋黄酱　Sabayon bière

（容易制作的量）
白啤酒A*　bière blanche…100g
蛋黄　jaunes d'oeufs…40g
细砂糖　sucre semoule…40g
白啤酒B*　bière blanche…10g
吉利丁片　gélatine en feuilles…1g
*白啤酒使用的是福佳白啤酒。

做法

熏制冰淇淋

①　牛奶放入锅内，再将锅放入已加入樱木的熏制器内熏30分钟，让牛奶沾上香气（温熏/图1）。中途需搅拌3次。
②　锅内放入①的牛奶、香草荚，煮沸（图2）。
③　蛋黄与细砂糖用打蛋器混合均匀。加入1/3量的②，用打蛋器搅拌均匀。再倒回锅内，开中火，用硅胶铲搅拌加热至82℃(英式奶油）。
④　关火，加入鲜奶油，搅拌均匀（图3）。过滤至冷冻粉碎机的容器内，放入急速冷冻机内冷冻。
⑤　使用前用冷冻粉碎机搅拌成冰淇淋状。放入冰箱内冷冻一会儿，再取出，用勺子搅拌，如此反复数次，直到调整至合适硬度（图4）。

红糖风味的挞皮

① 将黄油用装有搅拌棒的搅拌机低速搅拌成发蜡状。加入赤砂糖和杏仁粉，搅拌至看不到干粉。用硅胶铲清理干净粘在搅拌棒和搅拌盆上的面糊。

*先加入杏仁粉，再加入水分会更容易乳化。注意搅拌时容易渗出油脂。

② 将搅打均匀的全蛋分5 ~ 6次加入，每加入一次都需要用搅拌机低速搅拌至乳化。中途清理干净粘在搅拌棒和搅拌盆上的面糊。加入低筋面粉，断断续续搅拌至看不见干粉。

③ 用手将面坯摊平，裹上保鲜膜，放入冰箱内冷藏一个晚上（图5）。

④ 从冰箱内取出面坯放到操作台上，用手轻轻揉至光滑后整成四方形。再旋转90°用压面机压成厚2.75mm的面坯。

⑤ 放在烤盘上，用直径8.5cm的圆形模具压成圆饼。放入冰箱内冷藏30分钟左右。

⑥ 用手指往直径6.5cm、高1.7cm的圆形模具内涂上发蜡状的黄油（分量外），将面坯放入模具内（面坯整形→P265）。放入冰箱内冷藏30分钟。

⑦ 摆放到铺好网状不沾布的烤盘上，在圆形模具内部放上合适的铝制杯子，再装入重石。放入170℃烤箱内烤14分钟。取出放置室温下冷却10分钟，然后取下重石和铝制杯子，脱模（图6）。再放入170℃烤箱内烤5分钟，室温下冷却。

组合

① 用刮刀将熏制冰淇淋一点一点填满红糖风味的挞皮。放入冰箱内冷冻（图7）。

啤酒意式蛋黄酱

① 将白啤酒A放入锅内，开火煮至只剩10g（图8）。

② 用打蛋器将蛋黄与细砂糖搅拌均匀。

③ 往②内加入①和8g白啤酒，充分搅拌均匀（图9）。隔热水加热至即将沸腾，搅拌至稍微黏稠（图10）。移开热水，加入吉利丁片，搅拌至溶化。

④ 倒入搅拌盆内，用搅拌机高速搅打蓬松（图11）。冷却后倒入碗内，碗底浸入冰水内，不时用硅胶铲搅拌冷却。

装饰

① 将填满熏制冰淇淋的挞皮放入盘内。用勺子舀上啤酒意式蛋黄酱，再用燃烧器轻微烤至表面焦黄（图12）。

西多士　*Pain perdu*

提起西多士，大家都会觉得这是一种小零食。而我们用Paris S'éveille特有的方式，将西多士演变成了一款全新的摆盘甜点。将皮力欧许切成更具时髦感的立方体构造，浸满醇香的奶油糊，用平底锅将表面煎成金黄色后再放入烤箱内烤至松软。味道与口感像舒芙蕾般温和，与散发着香料味的红酒酱汁相得益彰。

材料（9份）

皮力欧许　Pâte à brioche
（5cm×5cm。9个份）

全蛋*　oeufs entiers…3个
牛奶*　lait…30g
中筋面粉*　farine…150g
高筋面粉　farine de gruau…150g
上白糖　sucre blanc…72g
转化糖　trimoline…7.5g
麦芽　malt…0.8g
鲜酵母　levure fraîche…18g
盐　sel…6g
黄油*　beurre…150g
*全蛋、牛奶和黄油需提前充分冷藏。

奶油糊　Appareil
（容易制作的量）

细砂糖　sucre semoule…45g
柠檬皮（擦细丝）
zeste de citron râpé…1个份
牛奶　lait…360g
鲜奶油（乳脂含量35%）
crème fraîche 35% MG…360g
全蛋　oeufs entiers…340g

红酒酱汁　Sauce vin rouge
（容易制作的量）

细砂糖　sucre semoule…60g
红酒　vin rouge…500g
蜂蜜　miel…40g
肉桂　gousse de cannelle…1根
豆蔻　cardamome…1个
丁香　clou de girofle…3个
榛子（去皮）*　noisettes émondées…30g
葡萄干*　raisins…20g
樱桃干*　griotte sec…20g
*榛子放入160℃的烤箱内烤10分钟，切碎。
*葡萄干和樱桃干水洗后，沥干水汽。

柠檬风味的橄榄油
huil d'olive au citron…适量

皮力欧许

① 搅拌盆内放入全蛋、牛奶、中筋面粉、高筋面粉、上白糖、转化糖、麦芽，搅拌机装上和面钩，低速搅拌至看不见干粉。放入冰箱内冷藏30分钟。

*使用上白糖面糊质地更湿润。

② 加入鲜酵母，搅拌机低速搅拌。加盐，搅拌均匀后，继续中低速搅拌20分钟至产生面筋，揉出薄膜即可。一掀面团可以透过薄膜看到对面。

③ 用塑料薄膜包裹黄油，用擀面杖敲打出韧性。分3次加入②内，揉至面团光滑。面坯温度大约23℃。

④ 用手将面坯揉成面团，放入碗内。裹上保鲜膜，放入湿度80%、温度30℃的发酵箱内发酵。

⑤ 待面团发酵至两倍大时，取出，放到撒好干粉的操作台上。从四角对折面团，排出气体。翻面，再用塑料薄膜包裹放入冰箱内冷冻1.5个小时，停止发酵。

⑥ 再继续放入冰箱内冷藏1个小时，松弛面团。

*这种状态下面团可保存3天。

⑦ 整形。操作台撒上干粉，将⑥分成每份125g。从四角对折面团，将面团揉成圆形，翻面。再用手掌团成球形。

⑧ 将2个⑦接缝朝下放入特氟龙面包模具（9cm×19cm、高9cm）内。盖上盖子，放入湿度80度、温度30℃的发酵箱内发酵1小时。

⑨ 放入170℃的烤箱内烤30～35分钟。脱模，放到冷却网上，室温下冷却。

奶油糊

① 碗内放入细砂糖和柠檬皮，用手搅拌至产生香气。

② 碗内放入牛奶和鲜奶油，加入①，用硅胶铲搅拌。

③ 另一只碗内放入全蛋，搅打均匀。将②分3次加入，每加入一次都需要用打蛋器充分搅拌。

红酒酱汁

① 铜锅内放入细砂糖，开小火，搅拌加热至轻微上色，做成焦糖。

② 红酒加热到50℃，一点点加入①内，用打蛋器搅拌均匀。豆蔻、丁香装入茶袋内与肉桂棒和蜂蜜一并加入红酒内。熬煮到液体只有140g，中途取出香料。

③ 加入榛子、葡萄干、樱桃干，再次煮沸。室温下冷却，放入冰箱内保存。

装饰

① 用锯齿刀削掉皮力欧许烤上色的一面，切成边长5cm的方块。

② 将奶油糊倒入容量较深的平盘内，将①放入平盘，再放到冰箱内浸泡1个小时。翻面，再放回冰箱内冷藏1小时。翻面在网架上放5分钟，沥干多余的水分。

③ 平底锅内抹上一层薄薄的黄油，充分加热后，放入②，煎至整体呈金黄色。趁热移至烤盘内，放入170℃的烤箱内烤5分钟，热透。

*经烤箱加热后，口感像舒芙蕾一样松软。

④ 将③放到盘内，淋上红酒酱汁。再画圈淋上柠檬风味的橄榄油。

薰衣草风味糖水黄杏　Abricot/Lavande/Citron

　　在长野县轻井泽夏天举办的活动上，我做了这款以黄杏为原料的甜点。绵软的糖水黄杏内加入少量薰衣草，散发着自然清新的花香，搭配柠檬味的奶油，口感温和。薄薄的饺子皮非常有嚼劲，咬上一口，中间流出丝滑的奶油，两种截然不同的口感带给你全新的味蕾体验。

材料　（10个份）

薰衣草风味的糖水黄杏
Compote d'abricot à la lavande

黄杏（生）　abricots…5个
水　eau…20g
细砂糖　sucre semoule…20g
薰衣草（干）　lavande…1g

薰衣草风味的柠檬奶油
Crème citron à la lavande

（40份）
鲜奶油（乳脂含量35%）
crème fraîche 35% MG…125g
牛奶　lait…125g
薰衣草　lavande…2g
蛋黄　jaunes d'oeufs…72g
细砂糖　sucre semoule…80g
布丁粉　poudre à flan…16g
黄油　beurre…50g
柠檬皮（擦粗丝）
zeste de citron râpé…1.5g

饺子皮　Ravioli

（40份）
饺子皮　ravioli…80个

黄杏酱汁　Coulis d'abricot

黄杏　abricot…200g
原味糖浆（P250）
base de sirop…约50g
柠檬汁　jus de citron…5g

柠檬皮与薰衣草乳
Emulsion de zeste de citron et de lavande

（容易制作的量）
牛奶　lait…150g
柠檬皮（擦粗丝）
zeste de citron râpé…1/2个份
薰衣草（干）　lavande…0.5g
细砂糖　sucre semoule…10g
大豆卵磷脂　lécithine de soja…1/2大勺

薰衣草风味的糖水黄杏

① 黄杏纵向对切开，去核。

② 锅内放入①的黄杏、细砂糖、水、薰衣草（图1），开微火加热。煮沸后，把杏子翻面，稍微倾斜锅底，让黄杏整个包裹上糖浆，煮到黄杏出汁（图2）。最好把黄杏整体煮透，变软。

*煮到一定程度，黄杏会瞬间煮烂，一定要注意。不剥皮、加入少量水，也可以防止煮烂。

③ 放入碗内，裹上保鲜膜，冷却后放入冰箱内冷藏一个晚上。

薰衣草风味的柠檬奶油

① 铜锅内加入鲜奶油和牛奶，煮沸。关火，加入薰衣草，搅拌均匀（图3），盖上锅盖焖5分钟。

② 过滤，用硅胶铲轻轻按压薰衣草（图4）。称出250g，如果分量不足，则加入同等分量的鲜奶油和牛奶。倒回锅内，煮沸。

③ 在另一个盆内放入蛋黄和细砂糖，用打蛋器搅打。加入布丁粉，搅拌至没有干粉。

④ 往③内加入1/4量的②，用打蛋器充分搅拌。倒回②的锅内，按照卡什达奶油酱的制作要领搅拌加热。关火，继续搅拌，利用余热加热30秒钟。

*为了避免鲜奶油油脂分离，不要加热过度。

⑤ 加入擦成丝的柠檬皮，盆底浸入冰水内，用硅胶铲搅拌冷却至40℃（图5）。

*这时加入柠檬皮不会产生辣味和涩味，只留清香在奶油中。

⑥ 黄油软化至发蜡状，加入⑤内，用打蛋器搅拌混合（图6）。

⑦ 移入容量较深的容器内，用搅拌棒搅拌至产生光泽、浓稠细滑的乳化状态（图7）。中途需用硅胶铲清理沾在搅拌棒和容器壁上的奶油。放入冰箱内冷藏，调整成容易挤成形的硬度。

⑧ 将⑦倒入装有口径12mm的裱花嘴裱花袋内，挤成直径为4cm的圆形。放入急速冷冻机内冷冻。

*将画好圆形（直径4cm）的纸铺到烤盘上，再盖上一层透明塑料纸，按照图纸挤出圆形。

饺子皮

① 用毛刷在饺子皮四周多刷上些水（分量外）。

② 将冷冻的柠檬奶油放在①的中央，再盖上一层饺子皮。用直径为4.5cm的圆形模具内侧按压紧实（图8），再用手指将饺子皮四周捏紧。用直径为6cm的圆形模具压成圆形（图9）。

③ 再依次用直径为5cm，5.5cm的圆形模具的内侧将饺子皮按压紧实。摆放到烤盘上（图10），放入急速冷冻机内冷冻。

*为了防止煮制过程中饺子皮开裂，需用力按压紧实。

黄杏酱汁

① 黄杏纵向对切开，去核。

② 将①与柠檬汁放入料理机内搅打成果酱状，用细网眼的滤网过筛（图11）。网内残留的黄杏要耐心彻底过筛。

③ 在②内加入30°的糖浆，调整甜度（图12）。放入冰箱内冷藏保存。

柠檬皮与薰衣草乳

① 铜锅内放入牛奶和削成丝的柠檬皮，煮沸。

② 关火，加入薰衣草，搅拌均匀（图13）。盖上锅盖焖5分钟。

③ 过滤，轻轻按压薰衣草（图14）。加入细砂糖搅拌均匀，裹上保鲜膜，冷却后放入冰箱内冷藏保存。

④ 使用前加入大豆卵磷脂（图15），用打蛋器搅拌均匀。放置2~3分钟。

装饰

① 将饺子皮放入沸水内煮1.5分钟，注意不要粘连（图16）。放入冰水内，冷却后用厨房用纸吸干水汽（图17）。

② 将糖水黄杏的果肉与糖浆分开放置。

③ 在饺子皮上淋②的糖浆（图18）。

④ 器皿内淋入少量②的糖浆，放上一片糖水黄杏。

⑤ 放上饺子皮，撒上少许用于制作糖水黄杏的薰衣草。

⑥ 把柠檬皮与薰衣草乳倒入容量较深的容器内，用搅拌棒搅打30秒。轻轻往操作台上摔打，消去小气泡，只用剩下的大气泡。

⑦ 舀上一大勺柠檬皮与薰衣草乳的气泡（图19）。再在器皿前端舀上一勺黄杏酱汁。

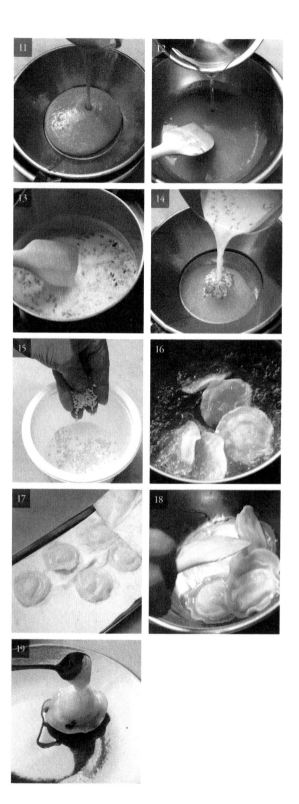

桃子糖水　Pêche/Eau

　　将原本桃子与香槟的搭配稍作改良，香槟换成碳酸水，口感更清爽。盛入透明的器皿中更显清凉。白桃无需加热煮透，只需淋上热糖浆，这样可保留白桃新鲜的质感。碳酸水缓缓注入溶化的吉利丁片内就成了透明诱人的果冻，尽量不要让碳酸水的气泡消失，这样口感更轻盈。意式奶冻给水灵灵的果冻和白桃增添了几分醇厚。

糖水白桃 Compote de pêche
（容易制作的量。每份使用1/4个）
白桃　pêches blanche…6个
白葡萄酒　vin blanc…720g
水　eau…300g
细砂糖　sucre semoule…540g
柠檬汁　jus de citron…36g
香草荚　gousse de vanille…1/2根
桃味奶油*　crème de pêche…153g
*桃味奶油是一种桃子利口酒。

冷冻水 Gelée d'eau
（8份）
碳酸水*　eau minerale gazeuse…800g
吉利丁片　gélatine en feuilles…12g
*使用的是巴黎水。

香草风味的意式奶冻（P217）
pannacotta à la vanille…650g
红叶　feuilles d'amarante…适量
原味糖浆（P250）　base de sirop…适量
橙子风味的橄榄油
huile d'olive à l'orange…适量

做法

糖水白桃
① 将白桃放入沸水中烫1分钟，再浸泡到冰水中，去皮。放入容量较深的容器内。
② 锅内放入白葡萄酒、水、细砂糖、柠檬汁、香草荚，煮沸。
③ 将②倒入①的容器中，浸泡白桃。室温下冷却，稍微冷却后加入桃子利口酒，轻轻搅拌。
④ 将白桃浸泡在糖浆中，裹上保鲜膜，再盖上小锅盖，放入冰箱冷藏一个晚上。

果冻
① 将碳酸水从冰箱中取出，在室温下放置15分钟。
*如果碳酸水温度过低，吉利丁片会凝固；温度过高，气泡又太多。稍微在室温下放置一段时间温度刚刚好。
② 碗内放入溶化的吉利丁片，沿着碗壁倒入少量碳酸水，充分搅拌均匀（图1）。
③ 按照步骤②，将①缓缓倒入碗内，用硅胶铲轻轻搅拌（图2）。搅拌次数尽量少，以免二氧化碳释放。
④ 沿着瓶子内壁缓缓倒入③（图3）。
⑤ 倒满整个杯子，裹上保鲜膜，再拧紧瓶盖。倒扣到平盘上，放入冰箱内冷藏凝固（图4）。
*容易消泡，需当天用完。

装饰
① 器皿内放入80g香草风味的意式奶冻，再倒入100g冷冻水，糖水白桃去核，放入1/4个。淋上原味糖浆。
② 画圈式淋上橙子风味的橄榄油，装饰上红叶。

牛油果 / 杏子　Abocat/Abricot

　　严格来说牛油果属于水果，但在我的印象里却是蔬菜。这款甜点巧妙运用了牛油果独特的口感和醇厚的风味，搭配上酸味浓烈的黄杏，使甜点更具水果味。散发着橙香的牛油果奶油与细腻的黄杏果酱浑然一体，有点甜、又有点爽口，给人一种难以言表的果实芳香。

材料（10份）

牛油果奶油　Crème à l'abocat
牛油果（净重）　abocat…145g
柠檬汁　jus de citron…适量
细砂糖　sucre semoule…20g
橙子皮（削细丝）　zeste d'orange…1/3个份
黄杏果酱　purée d'abricot…80g
鲜奶油（乳脂含量35%）
crème fraîche 35% MG…60g
吉利丁片　gélatine en feuilles…2.6g

糖水黄杏　Compote d'abricot
黄杏　abricot…300g*
细砂糖　sucre semoule…30g
水　eau…30g
*黄杏分量指的是去核后的净重。

黄杏果酱　Gelée d'Abricot
糖水黄杏　compote d'abricot…140g
细砂糖　sucre semoule…6g
柠檬汁　jus de citron…10g
柠檬皮（削细丝）
zeste de citron râpé…1/4个份
吉利丁片　gélatine en feuilles…2g

黄杏乳　Emulsion d'Abricot
（容易制作的量）
糖水黄杏的糖浆
sirop de compote d'abricot…上述全量
水　eau…糖浆的1/2量
大豆卵磷脂　lécithine de soja…1/2大匙

牛油果　abocat…适量

做法

牛油果奶油
① 牛油果去皮、去核切成适当大小。淋上柠檬汁，轻轻搅拌，防止变色。
② 将①、细砂糖、橙皮、黄杏果酱放入料理机内，搅打成细腻的果酱状。
③ 加入鲜奶油，继续搅打。充分乳化后，倒入碗内。
④ 在溶化的吉利丁片内加入少量③，用打蛋器充分搅拌。然后再倒回③内，继续搅拌。装入容器内，冰箱内冷藏保存。

糖水黄杏
① 黄杏纵向对切开，去核。
② 请参照P238<薰衣草风味的糖水黄杏>②的要领制作糖水（不要加薰衣草）。
③ 放入碗内，裹上保鲜膜，室温下冷却。再放入冰箱内冷藏一个晚上。
④ 过滤，分开果肉与糖浆。果肉搅打成果酱，糖浆用于制作黄杏乳。

黄杏果酱
① 将糖水黄杏的果肉、细砂糖、柠檬汁、削成细丝的柠檬皮放入料理机内，搅打成细腻的果酱状。
② 在溶化的吉利丁片内加入少量①，用打蛋器搅拌混合。然后再倒回①内，用打蛋器充分搅拌。放入冰箱内冷藏定型。

黄杏乳
① 往糖水黄杏的糖浆内加水稀释，用打蛋器搅拌混合。加入大豆卵磷脂，用打蛋器搅拌。放置2～3分钟。
② 移入容量较深的容器内，用搅拌棒打发后放置30秒。只使用泡沫部分。

装饰
① 盘子内放上汤匙，将牛油果奶油整理成丸子状放入。再用勺子舀少许黄杏果酱淋上。
② 放上1～2片牛油果薄片。再舀上黄杏乳。

苹果披萨 Pizza aux pommes

苹果披萨是我在巴黎雅典娜广场酒店（Hôtel Plaza Athénée）上班时，阿兰杜卡斯（Alain Ducasse米其林传奇厨师）制作的一款甜点，将苹果切薄片，层层叠放在一种圆形陶器上，再经过烤制完成。经过我的改良，就成了现在这款甜点。只用苹果与粗红糖这两种食材，苹果切薄片重叠摆放三层，再用烤箱烤干水分，既不同于生食也不同于糖水苹果，尽情享受苹果浓缩的味道吧。

烤苹果 Pommes cuits
苹果（富士） pommes…4个
粗红糖 cassonade…200g

香草风味的尚蒂伊鲜奶油
Crème Chantilly à la vanille
（容易制作的量）
鲜奶油（乳脂含量35%） crème fraîche 35% MG…100g
香草粉 vanille en poudre…适量
糖粉 sucre glace…5g

黑胡椒 poivre noir…适量

做法

烤苹果
① 苹果去皮，纵向对切开，取出果核。用锯齿刀将苹果切成
厚约1mm的薄片（图1）。
② 将①在直径23cm的圆盘内稍微重叠摆放成鱼鳞状（图2）。
苹果摆放超出圆盘边缘1cm。
③ 整体撒上少许粗红糖（图3）。
④ 将圆盘旋转90°，再重复一次步骤②~③（图4）。
⑤ 用剪刀剪掉超出盘子边缘的苹果，整体修剪成圆形（图
5）。整体覆盖上铝箔纸，用手掌从上往下按压，包裹住整个
圆盘（图6）。
⑥ 将圆盘放到烤盘上，放入180℃的烤箱内烤1个小时左右。
取出，打开铝箔纸，在苹果片上撒上少许粗红糖（图7）。
⑦ 再包裹上铝箔纸，放回烤箱内再烤30分钟。取出，剥下铝
箔纸，整体撒上少许粗红糖。
⑧ 不盖铝箔纸，放回烤箱内继续烤30分钟（图8）。

香草风味的尚蒂伊鲜奶油
①所有材料放入碗内，用打蛋器搅打至8分发。

装饰
① 用勺子将香草风味的尚蒂伊鲜奶油舀到烤苹果上。整体研
磨上黑胡椒粉，再撒上适量粗粒的黑胡椒。

Les préparations de base

基础准备工作

卡仕达奶油酱
Crème pâtissière

材料 （完成量约720g）

牛奶　lait…500g
香草荚　gousse de vanille…1/3根
蛋黄　jaunes d'oeufs…120g
细砂糖　sucre semoule…125g
低筋面粉　farine ordinaire…22.5g
玉米淀粉　fecule de maïs…22.5g
黄油　beurre…50g

1
铜锅内放入牛奶、香草籽和香草荚，加热至沸腾。

2
同时，碗内放入蛋黄和细砂糖，用打蛋器搅拌至砂糖彻底溶化。然后加入低筋面粉和玉米淀粉，搅拌至看不到干粉。

3
将1/4量的1倒入2内，充分搅拌。然后再倒回1内。
*如果牛奶冷却了，需重新加热。可以往2内倒入1/4量的牛奶，铜锅内剩下的牛奶一直保持开火加热。

4
一边搅拌，一边开大火加热，时不时用铲子清理干净粘在锅壁上的奶油。待奶油变得特别黏稠，并且富有光泽、不断咕嘟咕嘟冒大气泡，即可关火。

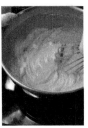

5
加入黄油，用打蛋器充分搅拌至乳化。
*如果这一步骤未能充分乳化，冷却后的卡仕达奶油酱就会不够光滑，质感较差。

6
移至平盘内，用刮刀刮平。裹上保鲜膜，放入急速冷冻机内迅速冷冻后再放到冰箱内保存。

◎使用时，将适量卡仕达奶油酱置于室温下解冻，然后用硅胶铲反复搅拌至光滑的状态。

尚蒂伊鲜奶油
Crème Chantilly

材料 （容易制作的量）

鲜奶油（乳脂40%）
crème fraîche 40% MG…200g
糖粉　sucre glace…12g

1
搅拌碗内放入鲜奶油和糖粉，高速打发。

2
搅打至6分发时，改用手动打蛋器搅打，可根据需要打发至合适程度。
*打发状态需根据具体用途而定。照片中是10分发的状态。

奶油霜

材料（完成量约580g）

全蛋 oeufs entiers…56g
蛋黄 jaunes d'oeufs…24g
细砂糖A sucre semoule…10g
香草泥 pâte de vanille…1.6g
香草精* extrait de vanille…3g
水 eau…44g
细砂糖B sucre semoule…160g
黄油 beurre…300g

*天然浓缩香草原液。

1
将全蛋、蛋黄、细砂糖A、香草泥、香草精放入搅拌盆内，用搅拌机高速打发。待充分打发后，放低速搅打。

2
同时，铜锅内放入水和细砂糖B，开大火煮至120℃。关火，将锅底浸入冷水中。

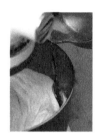

3
再将1转高速搅打，同时倒入2。当温度降至50℃时，开始产生少许黏性，搅拌至可清楚看到打蛋器的纹路时，转中速，一直搅拌至奶油温度与室温一致。

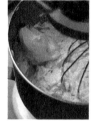

4
将发蜡状的黄油（约22℃）分6次加入3中，每次都需要高速搅拌均匀。加入3次以后，奶油霜已充分乳化。

*少量多次加入黄油可以让乳化效果更好。如果奶油霜不能乳化，就需要注意糖浆的温度，以及黄油是否过度熔化了。

5
乳化后的状态。从搅拌机上取下搅拌盆，用硅胶铲沿着碗底翻拌均匀。

◎使用时如果稍微有些消泡，可以重新用搅拌机高速打发。放在冰箱内冷藏或冷冻保存后的奶油霜，使用时需提前放置于室温下彻底溶解后，再用电动打蛋器重新高速打发。

意式蛋白霜

材料（容易制作的量）

蛋白 blancs d'oeufs…100g
细砂糖A sucre semoule…16g
细砂糖B sucre semoule…147g
水 eau…37g

*蛋白需充分冷藏备用。

1
搅拌盆内放入蛋白和细砂糖A，高速充分打发。

2
同时，铜锅内放入水和细砂糖B，开大火煮至118℃。

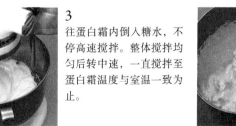

3
往蛋白霜内倒入糖水，不停高速搅拌。整体搅拌均匀后转中速，一直搅拌至蛋白霜温度与室温一致为止。

4
蛋白霜尖角直立、富有光泽，即完成。

杏仁奶油 Crème frangipane

材料（容易制作的量）

黄油*　beurre…180g
杏仁粉
amandes en poudre…180g
细砂糖　sucre semoule…180g
全蛋　oeufs entiers…134g
布丁粉　flan en poudre…22g
朗姆酒　rhum…30g
卡仕达奶油酱
crème pâtissière…226g

*黄油与鸡蛋需提前放置于室温下。

1
搅拌机装上搅拌棒，黄油放入搅拌盆内，搅拌成发蜡状。然后加入细砂糖低速搅拌均匀，再加入杏仁粉，搅拌至没有干面粉。

2
分5次加入搅拌好的全蛋液，每次都需充分搅拌至乳化。

*加入一半蛋液后，暂停搅拌机，清理干净粘在搅拌棒和盆壁上的面糊。

3
依次加入朗姆酒、布丁粉，每加入一次都需要用低速搅拌均匀。再次暂停搅拌机，清理干净粘在搅拌棒和盆壁上的面糊，继续搅拌至看不见干粉。

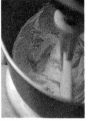

4
分5次加入卡仕达奶油酱，每加入一次都需要充分搅拌均匀。清理干净粘在搅拌棒和盆壁上的面糊，充分搅拌均匀。

5
移至平盘内，用刮刀刮平。裹上保鲜膜，放入冰箱内冷藏一个晚上。

◎使用时，可以用搅拌机低速搅拌至光滑再用。

原味糖浆 Base de sirop

材料（容易制作的量）

水　eau…1000g
细砂糖　sucre semoule…1200g

将水和细砂糖放入锅内，一边加热，一边用打蛋器搅拌至细砂糖完全溶化。

◎冷却后使用。

咖啡酱 Pâte de café

材料（容易制作的量）

水　eau…100g
速溶咖啡　café soluble…100g

锅内放入水和速溶咖啡，开中火加热。用木铲不停搅拌至咖啡彻底溶化。放置于室温下冷却，再放入冰箱内保存。

*注意沸腾后咖啡容易焦糊。

◎ Paris S'éveille 将其当作咖啡香精使用。

焦糖酱   Base de caramel

材料 （容易制作的量）

细砂糖　sucre semoule…150g
水　eau…50g

1
锅内放入细砂糖和水，开中火加热。加热至微微冒烟，糖呈深棕色即可关火。

2
焦糖酱过滤后，放置于室温下冷却。再放入冰箱内保存。

橙子味的橄榄油   Huile d'olive à l'orange
柠檬味的橄榄油   Huile d'olive au citron

材料 （容易制作的量）　　　材料 （容易制作的量）

伊薇特级初榨橄榄油　　　　伊薇特级初榨橄榄油
huile d'olive…100g　　　　huile d'olive…100g
橙子皮（切薄片）　　　　　柠檬皮（切薄片）
zeste d'orange…5g　　　　　zeste de citron…5g
香草荚　　　　　　　　　　香草荚
gousse de vanille…1/2根　　gousse de vanille…1/2根

1
将橄榄油加热至60℃。关火，加入橙子皮（或柠檬皮）和纵向切开的香草荚（不要刮掉种子），放置于室温下冷却。

2
倒入瓶内，拧紧瓶盖，浸渍一个星期。

◎使用时无需挑出橙子皮、柠檬皮和香草荚，风味更浓郁。

251

巧克力调温

1 将调温巧克力隔热水加热至熔化。黑巧克力加热至52℃、牛奶巧克力加热至48℃、白巧克力加热至42℃。

2 将3/4量的巧克力倒到大理石台面上，用三角刮刀抹成薄薄一层。

3 手持三角刮刀和L形刮刀，用三角刮刀翻拌，用L形刮刀抹平，把巧克力从四周往中央推。冷却到巧克力质地黏稠，即将凝固的状态（黑巧克力28℃、牛奶巧克力26℃、白巧克力25℃左右）。

4 将巧克力重新倒回2内，与盆内剩余的巧克力充分搅拌均匀。

5 将巧克力温度调至黑巧克力31.5℃、牛奶巧克力30℃、白巧克力29℃。如果温度过低，可以再隔热水稍微加热一下。

牛奶巧克力屑
黑巧克力屑

[**材料**] （容易制作的量）

调温巧克力（牛奶巧克力、可可含量40%）couverture au lait…1000g

*使用的是法芙娜公司生产的VALRHONA JIVARA LACTEE系列巧克力。

1 将巧克力放置于温暖环境下，待巧克力整体变软后，用直径7cm的圆形模具45°倾斜，从前往后削薄片。

2 削下来的巧克力屑。有的卷得非常完美，有的没有完全卷上，这样更自然。那些没有完全上卷的，可以用手再卷一下。

[**材料**] （容易制作的量）

调温巧克力（黑巧克力、可可含量64%）couverture noir…1000g

*使用的是可可百利公司生产的Extra-Bitter系列黑巧克力。

黑巧克力片

材料 （40cm×30cm、2块）

调温巧克力（黑巧克力、可可含量61%）couverture noir…400g

*使用的是法芙娜公司生产的VALRHONA EXTRA BITTER系列黑巧克力。

1
选一块没有边框的烤盘，喷上一层酒精，盖上一层透明塑料纸，用刮刀挤出空气，让塑料纸与烤盘充分贴合。

2
用吹风机吹热烤盘的背面、长柄勺和L形刮刀。这一步也可以省略。

3
用长柄勺将调过温的巧克力舀到烤盘上，用L形刮刀抹成均匀的薄层。
*可将巧克力抹得比透明塑料纸面积大。

4
待巧克力光泽消失，即将凝固时，切成合适尺寸。这时无需处理透明塑料纸。
*P38"至尊"用的巧克力片的尺寸是5.2cm×4.2cm、P69"榛果巧克力蛋糕"和P131"咖啡香豆巧克力蛋糕"用的是6cm×6cm。（照片中用的是七轮切割刀）

5
再在巧克力上面铺一层透明塑料纸，放置于室温下凝固。

牛奶巧克力片

材料 （60cm×40cm、1块）

调温巧克力（牛奶巧克力、可可含量40%）couverture au lait…400g

*使用的是法芙娜公司生产的VALRHONA JIVARA LACTEE系列牛奶巧克力。

1
与上述黑巧克力片步骤1～3相同，将调好温的巧克力展平。

2
待巧克力光泽消失，即将凝固时，切成合适尺寸。这时无需处理透明塑料纸。
*P43'阿尔诺先生'用的巧克力片的尺寸是8cm×4cm。

3
再在巧克力上面铺一层透明塑料纸，放置于室温下凝固。

装饰巧克力

材料 （2.5cm×26cm）

调温巧克力（黑巧克力、可可含量
61%）couverture noir…适量

*使用的是法芙娜公司生产的VALRHONA EXTRA
BITTER系列黑巧克力。

1
与上述P253黑巧克力片制
作步骤1～3相同，将调
好温的巧克力展平。使用的
是每张尺寸为2.5cm×26cm
的透明塑料纸。

2
用刀尖挑起透明塑料纸，
提起一端，连同塑料纸一
并揭起。

3
放到波浪形模具上，整理
出波浪形。

4
去掉透明塑料纸，可以用
温热的小刀切成合适长度。

白巧克力球

材料 （直径5.5cm的球形）

调温巧克力（白巧克力）couverture
blanc…适量

*使用的是法芙娜公司生产的VALRHONA IVOIRE
系列白巧克力。

1
将调好温的巧克力倒入直
径为5.5cm的半球模具内。
轻轻敲击侧面，排出空气。

2
将模具朝下，倒掉多余的
巧克力。

3
用三角刮刀刮去粘在模具
边缘上的巧克力。放到铺
着透明塑料纸的平盘内，
在室温下放置凝固。

4
从半球模具内取出巧克力，
将断面放到加热过的烤盘
内，稍微融化一下。

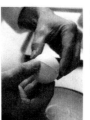

5
将两个半球的断面扣到一
起组合成球状，放置于室
温下凝固。

糖衣杏仁

材料 （容易制作的量）

水　eau…25g
细砂糖　sucre semoule…100g
杏仁碎　amandes hachées…100g

1
铜锅内放入水和细砂糖，开大火加热至118℃，关火，加入杏仁碎。

2
用木铲充分搅拌至开心果表面均匀沾上白色的糖衣。如果有结块，可用手掰开。

3
开大火，不断搅拌。待锅边上的砂糖开始熔化时，转中火。不断转动铜锅，同时用木铲从底部往上翻拌。可以时不时离火搅拌，以防焦糊。

4
待表面全部呈金黄色后（即将凝固成糖块时），将杏仁放到平盘内，室温下冷却。连同干燥剂一并放入密封容器内保存。

糖衣开心果

材料 （容易制作的量）

开心果（去皮）　pistaches…200g
细砂糖　sucre semoule…200g
水　eau…50g

1
将开心果摊放在烤盘上，放到烤箱内150℃烤12分钟左右，注意不要烤到上色。

2
铜锅内放入水和细砂糖，开大火加热至118℃，关火。加入1烤过的开心果，用木铲充分搅拌至开心果表面均匀沾上白色的糖衣。

3
放在笊篱内，筛净多余的糖。如果有结块，用手指掰开。
*为了保留开心果翠绿的色泽，糖衣不要包裹得太厚，可以根据实际情况筛掉多余的糖分。

4
将开心果放到铺有烘焙用纸的烤盘内，放入120℃烤箱内烤30分钟。继续放在烤箱内一夜，用余温使其彻底干燥。然后连同干燥剂一并放入密封容器内保存。
*注意用低温干燥，这样可以保留开心果原本的绿色。

焦糖榛子

材料 （容易制作的量）

榛子（带皮） noisettes…200g
水　eau…40g
细砂糖　sucre semoule…75g
黄油　beurre…6g

1
将榛子摊放在烤盘上，放入160℃烤箱内烤10分钟左右。放到网眼稍大的网筛内，用手掌搓去榛子皮。

2
铜锅内放入水和细砂糖，开大火加热至118℃。关火，加入去皮榛子，用木铲搅拌至整体包裹上白色的糖。如果有结块，可用手掰开。

3
开中火，不停晃动锅，同时用木铲沿着锅底翻动榛子。可以时不时离火搅拌，防止焦糊。待糖快要熔化的时候，加入黄油，搅拌均匀。

4
如果需要整粒使用的话，将焦糖榛子倒入平盘内，双手分别手持刮刀搅拌至冷却，再用手掰成一粒一粒的。如果需要切碎使用的话，可以摊放在烤盘上，放置于室温下冷却，连同干燥剂一并放入密封容器内保存。

焦糖杏仁

材料 （容易制作的量）

杏仁（带皮） amandes…200g
水　eau…40g
细砂糖　sucre semoule…75g
黄油　beurre…6g

1
与"焦糖榛子"制作步骤1~3相同，让杏仁表面包裹上白色的糖，并使其焦糖化，注意不要烧焦。加入黄油，搅拌均匀。
＊杏仁放入160℃烤箱内烤15分钟左右，不要去皮。

2
摊放在烤盘上，室温下冷却。连同干燥剂一并放入密封容器内保存。

焦糖杏仁薄脆

【材料】（容易制作的量）

细砂糖　sucre semoule…200g
水饴　glucose…33g
水　eau…约15g
杏仁碎　amandes hachées…135g

1
将杏仁碎摊放在烤盘上，放入160℃烤箱内烤15分钟左右，然后继续保温。

2
铜锅内放入水饴和细砂糖，让锅壁沾上水，沾湿细砂糖。边用木铲不停搅拌，边加热至金黄色。关火，加入杏仁碎，搅拌至整体变白。

3
把2倒到硅胶垫上，再铺上一层硅胶垫，用擀面杖擀成薄片，放置冷却。

4
用刀切成约3mm的碎块，连同干燥剂一并放入密封容器内保存。

焦糖可可薄脆

【材料】（60×40cm的烤盘1个份）

黄油　beurre…125g
细砂糖　sucre semoule…150g
NH果胶　pectine…2.5g
牛奶　lait…50g
水饴　glucose…50g
可可碎　grué de cacao…150g

1
黄油放入锅内，开中火加热至熔化，关火，加入水饴。开小火加热至彻底溶化后，加入细砂糖和果胶，用打蛋器迅速搅拌。关火，搅拌至整体乳化呈奶油状。
＊如果乳化不彻底，做好的成品不容易成型。

3
乳化均匀后，用木铲继续搅拌。关火，加入可可碎，搅拌均匀。
＊注意加可可碎时，温度不要太低。也可以提前开小火稍微加热一下。

2
开小火，加入温度与体温差不多的牛奶，搅拌均匀。

4
大理石台面铺上烘焙用纸，倒上3，再在上面铺上一层烘焙用纸，用金属材质的擀面杖将可可碎擀成与烘焙用纸相同尺寸的薄片。然后放到烤盘内，放入急速冷冻机内冷却成型。

5
剥去上层的烘焙用纸，放入160℃的烤箱内烤15分钟，然后放在冷却网上室温冷却。切大块，连同干燥剂一并放入密封容器内保存。

香草镜面 Nappage vanille

材料 （容易制作的量）

镜面果胶＊ nappage neuter…250g
香草泥 pâte de vanille…1g

将镜面果胶与香草泥搅拌均匀。

香草透明镜面 Nappage à la vanille

材料 （容易制作的量）

镜面果胶＊ nappage neuter…250g
水 eau…50g
香草泥 pâte de vanille…0.6g

将所有材料搅拌均匀。

糖浆镜面 Nappage "sublimo"

材料 （容易制作的量）

镜面果胶 nappage neutre…300g
原味糖浆（P250） base de sirop…30g

将所有材料搅拌均匀。

黄杏镜面 Nappage abricot

材料 （容易制作的量）

黄杏果胶 nappage d'abricot…200g
水 eau…40g

1
锅内放入黄杏果胶和水，开火加热至用硅胶铲舀起液体呈浓稠状，缓慢滴落的程度即可。

2
过滤后，趁温热时使用。

巧克力黑色淋面

Glaçage miroir chocolat noir

材料 （容易制作的量）

细砂糖　sucre semoule…416g
可可粉　cacao en poudre…167g
水　eau…250g
鲜奶油（乳脂含量35%）
crème fraîche 35% MG…250g
吉利丁片 gélatine en feuilles…25g

1
用打蛋器将可可粉与细砂糖搅拌均匀。

2
铜锅内加入水和1，中火加热，搅拌至没有结块。用硅胶铲不停搅拌至沸腾。
*注意不要焦糊。

3
关火，加入鲜奶油，搅拌均匀。开中火，不停搅拌至再次沸腾。

4
关火，加入吉利丁片，搅拌至溶化。

5
过滤到容量较深的容器内，用手持打蛋器搅拌至光滑。裹上保鲜膜，放在冰箱内冷藏一晚上。

6
将巧克力淋面加热至35℃熔化，用手持打蛋器搅拌至光滑的乳化状态后再使用。

巧克力金黄淋面

Glaçage blonde au chocolat

材料 （容易制作的量）

非调温巧克力（牛奶巧克力）
pâte à glacer…460g
调温巧克力（黑巧克力、可可含量61%）couverture noir…183g
色拉油huile végétale…69g
*非调温巧克力使用的是可可百利公司生产的
Pate a Glacer Blonde。调温巧克力使用的是法芙娜公司生产的VALRHONA EXTRA BITTER。

1
将非调温巧克力、调温巧克力、色拉油放入碗内，隔热水加热至熔化，调整至约35℃。

2
使用时，将其加热至35℃左右，用手持打蛋器搅拌成光滑的乳化状态。

材料 （容易制作的量）

细砂糖　sucre semoule…180g
鲜奶油（乳脂含量35%）
crème fraîche 35% MG…180g
原味糖浆　base de sirop…50g
可可脂　beurre de cacao…6g
调温巧克力A（白巧克力）
couverture blanc…72g
调温巧克力B（黑巧克力、可可含量
61%）couverture noir…72g
吉利丁片　gélatine en feuilles…6g
水　eau…30g
*调温巧克力A 使用的是VALRHONA IVOIRE、
调温巧克力B使用的是VALRHONA EXTRA
BITTER，二者均由法芙娜公司生产。

1
铜锅内加入1/5量的细砂糖，小火加热，用打蛋器搅拌至熔化。基本熔化时，再加入1/5量的细砂糖，如此反复直到加入全部细砂糖。待细砂糖全部熔化后，开大火加热成焦糖，期间需要不停搅拌（焦糖酱）。

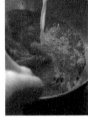

2
与此同时，另一个锅内加入鲜奶油和原味糖浆，加热至即将沸腾。倒入1内，期间需不停搅拌。然后加入用水泡软的吉利丁片，搅拌至溶化。

3
隔水加热白巧克力、黑巧克力、可可脂，待2/3量熔化时，加入2。

4
用打蛋器从中心开始搅拌，待整体慢慢搅拌均匀后，移入容量较深的容器内，用手持打蛋器搅打至富有光泽、光滑的乳化状态。盖上盖子，放入冰箱内冷藏保存。

5
使用时，将淋面加热至35℃，用手持打蛋器搅打至光滑的乳化状态。端起碗，在操作台上轻磕几下，排出空气。

材料 （容易制作的量）

巧克力焦糖淋面
glaçage chocolat au lait et au caramel…500g
咖啡酱　pâte de café…25g

将巧克力焦糖淋面加热至35℃，加入咖啡酱，搅拌均匀。用手持打蛋器搅打至光滑的乳化状态。端起碗，在操作台上轻磕几下，排出空气。

焦糖淋面

材料（容易制作的量）

细砂糖　sucre semoule…278g

鲜奶油（乳脂含量35%）
crème fraîche 35% MG…230g

玉米淀粉　fecule de maïs…18g

吉利丁片　gélatine en feuilles…11g

1

按照P260"巧克力焦糖淋面"制作步骤1～2，将细砂糖制作成焦糖。另一个锅内放入鲜奶油，加热至即将沸腾（每次加入1/6量的细砂糖）。

2

将鲜奶油倒入焦糖内，期间需不停搅拌，同时需要持续保持沸腾状态。

3

碗内放入玉米淀粉和少量的2，用打蛋器搅拌均匀。加入2，再次加热至沸腾。

4

关火，冷却至80℃，加入吉利丁片，搅拌至溶化。转入容量较深的容器内，用手持打蛋器搅拌至富有光泽、光滑的乳化状态。盖上盖子，放入冰箱内冷藏保存。

5

使用时，将其加热至35℃左右，用手持打蛋器搅拌成光滑的乳化状态。

巧克力米黄色淋面

材料（容易制作的量）

鲜奶油（乳脂含量35%）
crème fraîche 35% MG…283g

吉利丁片　gélatine en feuilles…3.8g

调温巧克力（金黄色巧克力、可可含量35%）couverture blonde…500g

镜面果胶　nappage neutre…190g

*调温巧克力用的法芙娜公司生产的IVOIRE。色泽金黄看上去很像饼干的颜色。

1

鲜奶油加热至沸腾，关火。加入吉利丁片，搅拌至溶化。

2

将鲜奶油分3次加入隔水加热至2/3量熔化的调温巧克力内，每加入一次，都需立即用打蛋器从中心开始搅拌，搅拌至均匀。

3

搅拌均匀后，倒入容量较深的容器内，加入镜面果胶，搅拌均匀。用手持打蛋器搅拌至光滑细腻的乳化状态。盖上盖子，放入冰箱内冷藏保存。

4

使用时，将其加热至35℃左右，用手持打蛋器搅拌至光滑。

巧克力喷砂

材料 （容易制作的量）

调温巧克力B（黑巧克力、可可含量61%） couverture noir…400g

可可脂　beurre de cacao…200g

*使用的是法芙娜公司生产的VALRHONA EXTRA BITTER系列黑巧克力。

将调温巧克力和可可脂放入碗内，隔热水加热至熔化。使用时加热至50℃。

翠绿色巧克力喷砂

材料 （容易制作的量）

调温巧克力（白巧克力）

couverture blanc…400g

可可脂　beurre de cacao…280g

食用色素（绿、黄、红）

colorant（vert,jaune,rouge）…适量

*使用的是法芙娜公司生产的VALRHONA IVOIRE系列白巧克力。

将调温巧克力和可可脂隔热水加热至熔化。根据需要酌情加入适量的3种食用色素，将颜色调至翠绿色。使用时加热至40℃。

*食用色素需提前分别用10倍量的樱桃酒稀释备用。

蜜饯橙皮

材料（容易制作的量）

橙子皮　zeste d'orange…2个份
原味糖浆（P250）　base de sirop…适量

1
用小刀把橙子皮削成薄薄的圆形，浸泡在水里。
*制作P43"阿尔诺先生"使用的是圆形橙皮。小刀两端不要用力，往刀刃中间用力，就可以削出像巧克力屑那种边缘较薄的圆形橙皮。

2
锅内放入足量的水和处理好的橙皮。开大火煮至沸腾，用笊篱捞起沥干水分，再用凉水快速冲洗。再重复一次这一步骤。

3
将原味糖浆和2倒入锅内，开火加热至沸腾后，转小火煮4分钟左右。室温下放凉。

4
直接浸泡在原味糖浆内保存。使用时，需用厨房用纸蘸干汁水。

糖渍橙皮丝

材料（容易制作的量）

橙子皮　zeste d'orange…2个份
原味糖浆（P250）　base de sirop…适量

1
用削皮器把橙皮削成薄薄的长条。用小刀刮干净橙皮内侧白色的部分，然后切成细丝。

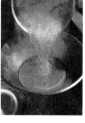

2
锅内放入足量的水和处理好的橙皮。开大火煮至沸腾，用笊篱捞起沥干水分，再用凉水快速冲洗。再重复一次这一步骤。

3
将2倒入锅内，加入刚好能没过橙皮的原味糖浆，开火加热至沸腾后，转小火煮4分钟左右。室温下放凉。

4
直接浸泡在原味糖浆内保存。使用时，需用厨房用纸蘸干汁水。

香料风味的酒渍黑樱桃

材料（容易制作的量）

黑樱桃（冷冻） griottes…330g
水　eau…160g
细砂糖　sucre semoule…195g
覆盆子果酱　purée de framboise…33g
丁香　clou de girofle…1g
肉桂棒　bâton de cannelle…2.5g
茴香粉　anis étoile en poudre…0.5g

1
将丁香、肉桂棒、茴香粉装入茶包中。

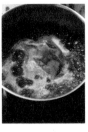

2
锅内放入水、细砂糖、覆盆子果酱和香料包，开火煮至沸腾，关火。盖上锅盖焖5分钟。

3
将冷冻的黑樱桃直接放入碗内，然后浇上2。裹上保鲜膜放在冰箱内冷藏一晚。

4
沥干水分后再使用。

装饰用糖粉

材料（容易制作的量）

糖粉　sucre glace…150g
装饰用糖粉　sucre décor…350g
*使用的是市面上销售的装饰用糖粉。

将糖粉与装饰用糖粉一并过筛。

◎市面上销售的装饰用糖粉质地过于细腻，可以掺入普通糖粉使用。

基础操作

面坯整形

使用圆形模具时的面坯整形

（直径6.5cm、高1.7cm的圆形模具）

> **准备**

用手指在模具内侧涂抹上一层发蜡状的黄油。

1
将面坯擀成2.75mm厚，用比圆形模具大一圈的圆形（直径8.5cm）切模压成圆形。将压好的面坯放入冰箱内冷藏。

2
在面坯上撒少许手粉，放在手心，利用手掌的温度让面坯变软。

3
将面坯盖到圆形模具的正上方，用双手一点一点旋转模具，同时用拇指将面坯按压到模具底部。这时候面坯还悬浮在模具之上。

4
用拇指沿着模具底和侧面，仔细按压至面坯紧紧贴合模具。另一只手旋转模具，旋转一周即可。
*如果面坯没有贴紧模具边角，烘烤时侧面的面坯容易变形甚至损坏。

5
将整理好的面坯和模具一并放在平盘上，放入冰箱内冷藏定型。超出模具部分的面坯可以用小刀削去。

6
加入了可可粉的面坯因面筋韧性较弱，操作时需要格外小心。

使用方形模具时的面坯整形

（6cm×6cm×2cm的方形模具）

> **准备**

用手指在模具内侧涂抹上一层发蜡状的黄油。

1
将面坯（照片是加了可可粉的面坯）擀成2.75mm厚，用刀切成23cm×2cm的长方形和边长5.3cm的正方形。将切好的面坯放入冰箱内冷藏。

2
在23cm×2cm的面坯上撒少许手粉，放在手心，利用手掌的温度让面坯变软。让面坯与模具边缘紧紧贴住。边角可以用蘸了手粉的牙签用力按压。

3
重合的部分大约有1～2mm，超出模具的面坯可以用小刀削掉。用手指整理好重合部分的厚度。

4
在边长5.3cm的面坯上撒少许手粉，放在手心，利用手掌的温度让面坯变软，然后铺到3内。需要与侧面的面坯紧紧贴合。用力按压，让面坯紧紧贴合模具底部。

5
将整理好的面坯和模具一并放在平盘上，放入冰箱内冷藏定型。超出模具部分的面坯可以用小刀削去。

烤挞坯／空烤的准备

1
烤盘内铺上硅胶垫，将整形后的面坯均匀摆放好。铺上合适的铝箔纸，再放入重石，最后放入烤箱内烘烤。

*如果铝箔纸高出模具内侧的面坯，容易弄碎面坯。因此，一定要事先裁剪好与模具内径一致的铝箔纸（比如直径6.5cm、高1.7cm的圆形模具需使用直径为8.7cm的圆形铝箔纸）。

2
烤好后，去掉重石和铝箔纸，放置于室温下冷却。

给烤盘贴透明塑料纸

1
往烤盘或平盘上喷少许酒精。

2
沿着烤盘仔细贴上透明塑料纸，可以用刮刀从上至下刮出空气。

使用框架摊平面糊

1
操作台铺上一层烘焙用纸，放上框架。沿着模具内侧倒入面糊。

2
用刮刀迅速刮平面糊。

3
去除多余的面糊，用金属板或平刀刀从上至下、从下至上刮平面糊。

4
慢慢取掉框架。将面糊连同烘焙用纸一并滑拖到烤盘内。

从烤盘内取下蛋糕坯／蛋糕坯翻面

1
将小刀插入烤好的蛋糕坯和烤盘之间，分离模具与蛋糕坯。

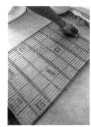

2
在蛋糕坯上面铺上一层烘焙用纸，再放上冷却网。

3
连同冷却网一并翻面，取下烤盘。

4
取掉粘在蛋糕坯上的烘焙用纸。

5
再在蛋糕坯上盖上铺着烘焙用纸的烤盘，翻面。这样就可以取掉上面的冷却网和烘焙用纸了。

削蛋糕外皮／切割蛋糕

1
削蛋糕底面和表面时，用锯齿刀薄薄削下一层，让蛋糕表面更平整美观。

2
将蛋糕切薄片时，可在蛋糕两侧放置合适厚度的金属板，用锯齿刀沿着金属板切下合适厚度的蛋糕。

3
先将蛋糕分切成所需尺寸或用切模压出所需造型再分割，这样厚度更一致。将蛋糕摆放整齐，两侧放置合适厚度的金属板，用锯齿刀沿着金属板切下合适厚度。

分割甜品

1

分割甜品时，平刃刀需要用燃烧器稍微加热一下，只切开蛋糕的表层。

*千万不要一刀割到底，否则容易造成表面开裂或者装饰物鼓出。

2

换成锯齿刀，用燃烧器稍微加热一下后，沿着表面切出的印记，从侧面垂直下刀切约5mm。

3

再改用平刃刀，用燃烧器稍微加热一下后，一刀切到底部。

柑橘类水果皮擦丝

根据用途不同，有时候柑橘皮会被擦成细丝，有时候需擦成粗丝。想要强调柑橘风味时，可以用网眼较细的擦丝器（图右），想要香味更浓郁时，可以用网眼较粗的擦丝器（图左）。

网眼较粗的擦丝器是"柠檬专用刨丝器"。可以只擦掉柠檬的表皮。

精益求精的制作工艺

    Paris S'éveille的甜品制作工序为什么会这么繁琐呢？是因为我们对品质的不懈追求。例如，甘纳许的制作，要达到丝滑的口感和入口即化的效果，就必须做到充分乳化。首先，加入鲜奶油混合时温度必须保持40℃，而且还要提前把调温巧克力熔化好了备用。然后，往巧克力内加入1/2量的鲜奶油，用电动打蛋器搅打至乳化，然后再用手持打蛋器进一步搅打至光滑的乳化状态。接下来，再加入剩下的鲜奶油，按照同样步骤进行乳化。之所以不能一次性加入全部鲜奶油，是因为第一次加入的半份奶油是基础，再加入剩下的鲜奶油，能提高乳化的品质。

    此外，制作"阿尔诺先生"时用到的尚蒂伊巧克力奶油也是先往巧克力内加入一部分鲜奶油，搅拌至乳化后，再加入剩下的鲜奶油。将鲜奶油分两次加入，每次的作用是不一样的，一次是乳化用，一次是打发用，步骤精细才能做出品质不打折扣的好甜品。制作水果慕斯，与鲜奶油混合时因为果泥比重大特别容易沉到碗底，充分搅拌均匀后，还需要再倒入另一只碗内，再充分搅拌，这样才能彻底搅拌均匀。这种追求完美的小细节数不胜数，所有这些都是为了给客人提供更高品质的甜品。Paris S'éveille的味道就是在这些精益求精的制作工艺中诞生的。

Un jour de Paris S'éveille

Paris S'éveille 的日常

　　Paris S'éveille 的清晨是从每天5点钟开始的。店员从后厨源源不断端来刚刚做好的蛋糕和甜面包，整洁美观地摆放在光线昏暗的店内展示柜内。这也是一天中最安静的时刻，我非常喜欢这种安静到仿佛时间静止的感觉。站在街边，透过橱窗可以看到店内古色古香的陈列台上摆放着各种让人垂涎欲滴的刚出炉的蛋糕和面包，陈旧的蛋糕模具和工具也有着别样的情调。蛋糕经过精心装饰，既美观又简约。我心中所向往的高品质，这里全都有。

从左到右依次为：吉田升平、后生川秀治郎、伊兴田健人、佐藤光星、稚田健人、中本辽太、竹林奈绪、佐藤彻、片山美关、武良遥香、高桥莉莎、金子美明、大须贺千波、本田真实、冈泽高志、中泽纮平、尾藤贵史、伊丹友哉

Paris S'éveille 团队

2003年，我特意把 Paris S'éveille 的店址选在我去法国前一直居住的自由之丘。当时糕点师包括我在内一共只有8人，每天都有怎么干也干不完的工作，尽管如此，店内经营状况并不理想，我每天如临大敌一般硬撑。时至今日，已经过去13年了，我们的团队也壮大到了20人，每当看到这张照片，我都由衷地感到自豪。

在开这家店之前，我一直以为只靠厨师长一人的力量即可运作一家甜品店。但我现在深切明白 Paris S'éveille 的经营离不开20人团队的任何一员。我有时候会突发奇想研究一款新品，无论有多困难，我的得力助手佐藤彻都会迎难而上，和我一起研究创作，最终呈现出超乎想象的新作品。我们一对一向员工传授一款甜品的制作工艺，细致到每一个细节。照片中的每位同仁都会运用自己擅长的技术解决工作中遇到的各种难题。如此这般精心制作的甜品到达客人手中时，他们想必也会心怀喜悦。这种工作上的默契感、喜悦感已经成为 Paris S'éveille 的常态。

祝愿照片中的每一位经过卧薪尝胆都能取得更高的成就。客人能光顾我们的店，是团队共同努力的功劳。

写给教会我享受创作快乐的人们

我二十多岁时在一家设计事务所上班，每天被各种琐碎小事压得喘不过气来，总觉得反正我也不认识看我设计的人。看到我如此消沉，事务所一位董事拿出自己年轻时的作品集给我看。和我的作品一样，都是些名片、火柴盒之类的设计，偶尔还有超市宣传单这种琐碎的工作。但是他设计的名片非常精美，即使是一个小小的火柴盒，他的设计也散发着"带我走吧"的独特魅力。我惊讶不已，一直追问他花了多少时间在这些设计上。在这些微乎其微的工作上，我能感受到如今已功成名就的他投入了不亚于拍摄一部广告片的精力。

我认为无论怎样的工作、怎样的公司，都有其优缺点。无论干什么工作，如果能找到其中的乐趣，就会产生工作的热情，热爱这份工作，自然也会收获满意的成果。对于我二十多岁时遇到的那位董事来说，那一张不知道会递到何人手中的名片，和如今他花费巨资、采用合适主配角制作出的广告，都同样是倾注真心的得力之作。换句话说，精益求精的人无论从事什么工作，都能呈现出富有魅力的作品。对于当时"一心只想干大事，不屑于名片设计"的我来说，他让我懂得了什么是创作的真髓。

我经常对员工说："店不是社长一个人的，而是参与其中的各位同仁们的。"如果一个人不能够全身心地享受工作，即使有一天有了更大的舞台，也不会呈现出打动人心的作品。这种人别说享受了，只会被重压压垮。

从构思算起，两年来我一直忙于本书的制作，过程很艰辛，但是非常荣幸能与各位专业人士共事。由衷感谢排除万难把"味道"这种感觉转化成文字的濑户理惠子，把甜品拍得如此让人垂涎欲滴的摄影师合田昌弘，从来不知疲倦、偶尔还要听我啰嗦且能精准概括的编辑锅仓由记子，力求完美呈现甜品细节的设计师成泽豪，还有对我有求必应的得力干将佐藤彻以及协助拍摄顺利完成的 Paris S'éveille 的员工，还有无时无刻不在包容我的妻子。

2016年9月
金子美明

TITLE：［金子美明の菓子 パリセヴェイユ］

BY：［金子美明］

Copyright © Yoshiaki Kaneko 2016

Original Japanese language edition published by Shibata Publishing Co., Ltd.

All rights reserved. No part of this book may be reproduced in any form without the written permission of the publisher.

Chinese translation rights arranged with Shibata Publishing Co., Ltd., Tokyo through NIPPAN IPS Co., Ltd.

本书由日本株式会社柴田书店授权北京书中缘图书有限公司出品并由煤炭工业出版社在中国范围内独家出版本书中文简体字版本。

著作权合同登记号：01-2019-2378

图书在版编目（CIP）数据

金子美明的法式甜品宝典/（日）金子美明著；唐晓艳译.--北京：煤炭工业出版社，2019（2020.6重印）

ISBN 978-7-5020-7111-0

Ⅰ.①金… Ⅱ.①金… ②唐… Ⅲ.①甜食—制作—法国 Ⅳ.①TS972.134

中国版本图书馆CIP数据核字(2018)第288237号

金子美明的法式甜品宝典

著　　者	（日）金子美明	译　者	唐晓艳
策划制作	北京书锦缘咨询有限公司（www.booklink.com.cn）		
总 策 划	陈　庆	策　划	邵嘉瑜
责任编辑	马明仁	编　辑	郭浩亮
设计制作	王　青		

出版发行　煤炭工业出版社（北京市朝阳区芍药居 35 号　100029）

电　　话　010-84657898（总编室）　010-84657880（读者服务部）

网　　址　www.cciph.com.cn

印　　刷　北京联合互通彩色印刷有限公司

经　　销　全国新华书店

开　　本　889mm×1194mm¹/₁₆　印张 17¹/₂　字数 360 千字

版　　次　2019 年 6 月第 1 版　2020 年 6 月第 2 次印刷

社内编号　20181397　　　定价 198.00 元